PUHUA BOOKS

我们一起解决问题

认知进化

The Evolution of Awareness

掌控人生
改变自己
持续成长

哈 叔◎著

人民邮电出版社
北 京

图书在版编目（CIP）数据

认知进化 ：掌控人生，改变自己，持续成长 / 哈叔著. -- 北京 : 人民邮电出版社, 2021.5
ISBN 978-7-115-56264-7

Ⅰ. ①认… Ⅱ. ①哈… Ⅲ. ①成功心理－通俗读物 Ⅳ. ①B848.9-49

中国版本图书馆CIP数据核字(2021)第059543号

内容提要

人与人之间最根本的差异恐怕就是认知能力上的差异，因为认知影响着我们的选择，而选择在很大程度上决定了我们的人生轨迹。为了掌控人生的方向、有效地改变自己、获得持续的成长，我们必须在认知方面不断进化。

本书共分为六章，分别聚焦六个话题，即如何成为一个优秀的人、如何做到高度自律、如何面对现实生活、如何找到自己的不足并改进、如何使自己的人生走上坡路、如何使10年后的自己成为自己想要的样子。作者结合自己和身边人的真实经历，分享了自己对职场、生活、人生的所见、所思、所悟，为年轻人提供了一份真诚的成长、进化清单。

本书适合所有渴望不断成长的人，尤其是大学生、刚步入职场或工作了几年的年轻人阅读。

◆ 著　哈　叔
责任编辑　陈　宏
责任印制　胡　南
◆人民邮电出版社出版发行　　北京市丰台区成寿寺路11号
邮编 100164　　电子邮件 315@ptpress.com.cn
网址 https://www.ptpress.com.cn
北京盛通印刷股份有限公司印刷
◆开本：880×1230　1/32
印张：7.5　　2021年5月第1版
字数：200千字　　2025年1月北京第5次印刷

定　价：59.80元

读者服务热线：（010）81055656　印装质量热线：（010）81055316
反盗版热线：（010）81055315

自　序

你可能会有这样的经历：与某个人沟通太吃力了，尽管你解释了很多遍，也拿出了很有说服力的证据，但对方始终坚持自己的观点，就是不相信你说的，表现得非常固执。

读者“清风明月”给我讲过这样一件事。

几年前，在外卖行业还没兴起的时候，她多次劝开小吃店的父母把外卖的生意做起来。但她的父亲坚持认为完全没有这个必要，他的原话是：“谁会在网上买吃的？凉了不好吃。而且，出了问题怎么办？我开店这么多年了，不一直好好的？”

总之，她的父亲就是不愿意做外卖。“清风明月”说，现在父亲店里的生意还可以，但比之前还是差了不少，如果不是房子是自家的，不用付房租，那么肯定是亏本的。

在生活中，这样的例子其实非常多，很多人坚持己见，其倔强程度远超你的想象。

坚持自己的观点不算是什么毛病，但不愿听取别人的建议，不愿思考自己坚持的观点有没有道理，这种盲目的坚持恐怕就有问题了，这就是我们通常所说的固执。

这种固执是怎么形成的呢?

原因有很多，其中一个很重要的原因是：认知水平低。

很多人都听过“井底之蛙”这个故事。小鸟告诉井底的青蛙，天空很大，大到无边无际，飞不到尽头；海龟告诉井底的青蛙，大地很大，它爬了很远才到了这里。那只井底的青蛙仍然固执地认为天空只有井口这么大，大地也只有井底这么大。

青蛙之所以如此固执，是因为它没有见识过井以外的世界，这其实就是一种很典型的“认知水平低”。

所谓认知水平，其实就是我们对事实真相的认识、了解程度。这种能力对我们的人生而言是极为重要的，它将直接影响我们所做的每一个决定。

认知水平低的三种表现

认知水平低的人有三种比较典型的表现。

1. 自以为是，拒绝接受不同的声音

有一次，我所在的一个群里，大家讨论起了学历和收入的话题。

有个人坚持认为读书对提升收入没有用，他说自己公司的老

板不过是初中学历，一年挣几百万元，而同事中有好几个是研究生学历，每个月的收入也就七八千元。

他还说："现在每年有这么多的大学生毕业，还不是一样打工吗？很多低学历的同龄人已在社会上打拼多年，早就赚了很多钱。"

当有好几个人反驳他的观点时，他恼羞成怒，直接开始进行人身攻击了。

认知水平低的第一种典型表现就是：总认为自己是对的，拒绝接受别人的建议，排斥不同的声音。

而且，这样的人往往还很情绪化。在与别人沟通时，他们经常会因对方的观点与自己不一样而大发脾气。

2. 视角局限，缺乏判断力

认知水平低的第二种典型表现是：看问题的视角很局限，想法过于单一，对遇到的人和事缺乏判断力。

比如，很多人看到一位年轻女性开着豪车，一身奢侈品，就马上断定，要么她爸有钱，要么她老公有钱。

这种随意、狭隘的判断，其实也是认知水平低的表现。

3. 拒绝学习，没有求知欲

认知水平低的人往往都比较固执、自以为是，往往会拒绝学习，这是认知水平低的第三种典型表现。

这些人的自我感觉很不错，自认为对很多事看得很透，所以不会主动地学习、思考、成长，把时间和精力消耗在无用的事情上。

相反，那些认知水平高、见过大世面的人，反而觉得自己知之甚少，很有求知欲。

正如大哲学家苏格拉底对自己的评价："我唯一知道的就是我一无所知。"

提高认知水平的三个手段

我认为，认知水平是拉开人与人之间差距的主要原因。认知水平低的人，人生往往都在走下坡路。

提高认知水平的手段有很多，在此我只提供三个建议。

1. 多阅读、多思考

一直以来，我都是"阅读有用论"的坚定拥护者。

阅读肯定是有用的，对提高我们的认知水平而言，阅读是一种最经济、高效、直接、可行的方法。

我曾经见过这样一个问题："我读过很多书，但大部分书的内容都被我忘记了，那么阅读的意义是什么呢？"

有人给出了这样的回答："当我还是一个孩子的时候，我吃过很多食物，但现在已经记不起来吃过什么了。但可以肯定的是，它们中的一部分已经变成了我的骨头和肉。"

阅读也是如此。你曾经看过很多书，或许不太记得其中的内容了，但你的谈吐、知识面、气质、看待问题的角度、思考能力、性情、修养都有了进步，它们已经成了你精神世界的一部分。

2. 多见世面，走出自己的小世界

前面讲过井底之蛙的故事，井底之蛙要想提高自己的认知水平，最直接的方法就是走出井底，走出眼前的小世界，去见识更广阔的天地。

说白了，就是出去见见世面。

真正见过世面的人，往往更能理解自己遇到的人和事，看问题的角度更立体，为人处世也更谦逊。

3. 多与认知水平高的人交流

很多时候，你和什么样的人在一起，就预示着你可能会成为什么样的人。

请多和有思想、认知水平高的人交流，他们的气质、胸襟、思考问题的方式都能给你带来积极的影响。

有道是："听君一席话，胜读十年书。"这句话说的就是这个道理。

认知水平不同，人生往往也截然不同。如果你已经读到了这里，我要说一声："很高兴认识你，让我们一起踏上认知进化之旅吧！"

目 录

第一章 | 如何成为一个优秀的人

第二章 自律是成长的加速器

第三章 如果你已经 30 岁，请学着现实一点

第四章 你想没想过自己为什么过得不好

第五章 走上坡路的人生

第六章 10 年后，你会是什么样子

第一章

如何成为一个优秀的人

一个人变得优秀，往往从“不合群”开始

昨天，有一位读者在后台留言：“请问优秀的人身上都有哪些品质，我想学习学习。”

看到这条留言的时候，我正在与另一位读者聊天。他是来报喜的，他告诉我他三个月前跳槽去了一家大公司，现在发展得不错，感谢我前一年与他促膝长谈。

前一年的五月，这位读者在苏州的一家电子厂工作，每个月的收入谈不上高，但还算可以，不过上升的通道基本被堵死了，终究还是看不到什么希望。

我当时给他的建议是：“不要贸然离开，毕竟现在的收入还可以，而且暂时也没有更好的去处，不如从现在开始为离开做准备，学点新的东西。”

后来，我们断断续续地聊过几次，他经过一番深思熟虑后决定学习设计。当他被身边的人调侃嘲弄时，我开导过他，让他不要在意别人的声音。

如今，他守得云开见月明，彻底改变了职业发展方向，收入是之前的三倍还多，而且有了清晰的职业规划。他计划在这家大公司学习几年，然后出来自己开工作室。

我认为，在同龄人里面，这位读者还是比较优秀的。

那么，他身上有哪些值得我们学习的品质呢？

我最想说的一点是“不合群”。

在我看来，一个人变得优秀，往往就是从“不合群”开始的。

01 优秀的人，大多“不合群”

这位读者利用下班后的时间自学，每逢休息日就赶着去上课，渐渐地与身边的同事步调不一致了。

其他大多数同事的日常生活是这样的：下班后三五成群地玩游戏、打桌球、打牌或者去闹市区转转。

当他的生活节奏及步调与大家脱节后，一些异样的声音就出来了，有的同事会时不时地来几句冷嘲热讽，甚至会排挤他。

这让我想起之前分享过的一个故事。

在20世纪六七十年代，北大荒有一位男知青非常不合群，别人打牌的时候，他在背单词，别人睡懒觉的时候，他早早起来读英语，与众人格格不入，当然也很不受人待见。

不少同行的知青都不太喜欢他，觉得这个人“假正经”，后来甚至惊动了领导，他被领导找去谈话。

领导嘱咐他一定要合群，不然会被其他人排斥。

但这位男知青很倔强，仍然“特立独行”。他每天干活儿、学习，重复着之前的生活。

1978 年高考恢复之后，他如愿考上了北京第二外国语学院。

通过这两个故事，你会发现，很多优秀的人在成长的路上，往往会经历一段不被理解、不受欢迎的过程。

为什么会这样?

这类人通常目标比较明确，也不安于现状，他们有自己的追求，知道自己想要什么，要做什么，愿意付出行动去追逐、改变。

所以，他们的步调势必与身边的大多数人不一致，无法融入群体，这会让他们显得格格不入，像一个异类。

这就是优秀的人往往看起来都不太合群的原因。

02 一个人“不合群”，有三点值得称道

并不是说不合群的人就一定很优秀，有些人不合群的原因是性格比较孤僻，不愿意与其他人和社会接触，这种不合群其实并不好，是需要改善的。

如果不考虑这种因性格孤僻造成的不合群，那么“不合群”的人至少有三点值得称道。

1. 活得通透，有目标感

在北大荒当知青那位青年，别人打牌的时候，他在背单词；别人睡懒觉的时候，他早早起来读英语。

那个原先在电子厂上班的读者，别人下班玩游戏的时候，他在看书自学；休息日大家都出去玩的时候，他跑去上课。

他们如此“不合群”的背后，其实是活得通透、有目标感。正如前面所分析的那样，这种人通常都很清楚自己想要什么、要做什么。

所以，他们不会随大流、跟风，不会为了刻意地融入群体而逼着自己合群，当然也就不会迷失方向。

2. 内心丰盈，耐得住孤独

“不合群”的人看上去比较孤独，没有什么朋友，就像一匹脱离队伍的孤狼在草原上游荡。

其实，这只是一种假象。或者说，所谓的“孤独”，只是我们以为的而已。真实的情况是，人家很享受这样的独来独往，很享受这份独处。

一个主动选择“不合群”的人，其内心往往是丰盈的，无惧寂寞和孤独，享受独处，有能力取悦自己。

而这样的人，幸福感通常会很强。

3. 成长快速

一个人“不合群”，远离身边的社交圈，不愿意融入群体，那么他的时间都花在了什么地方呢？

当然不是玩乐，而是将时间用来成长，打磨、雕琢自己，让自己变得越来越优秀。

所以，这种人的成长速度非常快，每天都在成长和进步。这也是他们能在短短几年时间里脱胎换骨、一鸣惊人的原因所在。

最后，分享一段《乌合之众》里的话：

人一到群体中，智商就严重降低，为了获得认同，个体愿意抛弃是非，用智商去换取那份让人备感安全的归属感。

并不是说合群的人不好，但这确实是一个值得深思的问题。在很多时候，低质量的社交真的不如高质量的独处。

如果你想变得更加优秀，往往确实需要从远离群体开始。

真正优秀的人，都舍得逼自己一把

后台有一位读者留言问我："在职场中，那些精英人士为什么会那么优秀呢？他们是怎么做到的？"

今天就聊聊这个话题。

01 你不够优秀，是因为你对自己不够狠

首先，我们不得不承认一点：不同的人在能力上的差距真的非常大。

有些人工作能力出色、才华横溢，不仅能说好几门外语，还会唱歌、绘画，舞跳得也好，还特别会说话，甚至拥有令人羡慕的身材……

其他大部分人身上的光芒则暗淡许多，这也不会，那也不擅长，显得比较平庸。

那么，这种差距是怎么产生的呢？

原因自然是多方面的，比如，天赋存在差异。有些人在语言

学习方面很有天赋，有些人的智商生来就比较高。再比如，成长环境存在差异，有些人从小就享受了优渥的教育资源，甚至能得到名师的指点，有条件接受系统、专业的培养。

这些客观因素是存在的，但我想说的是，也有很多资质没有那么好、成长环境没有那么好的人一样非常出色、满身才华。

这些人是如何做到的呢？

原因其实就是两个字——努力。

上大学那会儿，隔壁宿舍有一个哥们儿迷上了街舞。他虽然没有舞蹈基础，但强在够执着，天天晚上跟着人家练习，肩膀、手臂、腿、后背经常摔得青一块紫一块的。

不到一年的时间，他就跳得很不错了，还能在一些场合做一些表演。靠着这股子狠劲儿，他还学会了滑滑板。

我身边还有一个朋友，40 多岁，普通话讲得都不太利索，但他却在几年的时间里学会了英语。

他的英语水平达到了什么程度呢？

出去玩儿的时候，他可以和外国人非常顺畅地沟通，平时看英语电影是完全不看字幕的。

这样的一个中年人，看起来很优秀吧？不认识他的人还以为他在国外留过学或者从事什么涉及外语的工作，其实他在 40 岁之前连国门都没有出过，他的本职工作是厨师。

他之所以能把英语说得这么好，是因为和儿子吵了一次架。

儿子读小学的时候，有一次英语没考好，他教训了儿子一顿，儿子反过来对他说："你不也不会吗？"

他当时气坏了，揍了儿子一顿。等静下心来之后，他去找儿子聊天，还和儿子打了个赌，看谁学得更好。

从那以后，他每天听、读、说、写，从不间断，坚持了好几年。在他的影响下，如今已经上初中的儿子英语也很棒，曾经的弱项学科变成了强项。

我曾看过这样一句话：我们的努力程度之低，远没有达到拼天赋的地步。

很多时候，我们不那么优秀，其实真的不是因为天赋有多差，也不是因为没有条件变得更好，只是单纯地因为不够努力，对自己不够狠。

那些优秀的人不过是比我们更舍得逼自己一把罢了。

02 敢对自己下狠手的人，过得往往都不差

下面讲两个发生在楚汉相争时期的故事。

第一个故事是破釜沉舟。

秦朝末年，百姓生活在水深火热之中，为了推翻秦王朝的暴虐统治，各地人民纷纷起义。其中最知名的就数陈胜、吴广，以及项羽和刘邦。

公元前 208 年，反秦武装赵王歇和张耳被秦军将领王离率领

20 万大军围困于巨鹿。

秦军的另一位大将章邯率军 20 万屯于巨鹿南数里的棘原，并修筑了两侧有土墙的通道直达王离大营，以供粮草。

楚怀王派宋义为上将军，项羽为次将，带领 20 万大军前去营救赵王歇。但宋义到了前线后，却迟迟不出兵。

项羽对宋义的做法非常不满，一怒之下杀了宋义，自己做了上将军，率领大军前去营救，以解巨鹿之围。

楚军渡过漳河后，项羽让士兵们饱饱地吃了一顿饭，每人带三天干粮，然后传下命令：将渡河的船凿穿，沉入河底，将做饭的锅全部砸碎。

项羽这么做的意思很明显：只能前进，不能后退。

就这样，没有退路的楚军变得异常骁勇，以一当十，经过九次激战，楚军最终大破秦军。

这一仗不但解了巨鹿之围，而且把秦军打得再也振作不起来了。两年后，秦朝就灭亡了。

在《史记·项羽本纪》中有这样的记载："项羽乃悉引兵渡河，皆沉船，破釜甑，烧庐舍，持三日粮，以示士卒必死，无一还心。"

第二个故事是背水一战。

楚汉相争的时候，刘邦派大将军韩信领兵攻打赵国，赵王歇和大将陈余率 20 万大军在太行山的井陉关迎击。

韩信只带了12000名士兵，与赵军相比，实力非常悬殊。

善于排兵布阵的韩信让1万人驻扎在河边，列了背水阵，另派2000名轻骑潜伏在赵军的军营周围。

交战后，赵营20万大军向河边的1万汉军杀来。汉军面临大敌，后无退路，只能拼死奋战。这时，潜伏的那2000名轻骑乘机攻进赵军大营，赵军遭到前后夹击，很快就被韩信打败。

事后，有人问韩信："背水列阵乃兵家大忌，将军为何明知故犯？"

韩信的回答是："置之死地而后生。"

讲这两个故事是为了说明两点：

（1）人处于绝境之中时，往往能爆发出巨大的、超乎想象的能量；

（2）态度决定成败，要想做成一件事，就要有破釜沉舟、背水一战的态度和决心。

那些敢于逼自己一把的人，往往过得都不差；很多人离他们心中想要达到的那个高度只差放手一搏和不言放弃的执着。

一个人优秀的标志：做事霹雳手段，做人菩萨心肠

我很喜欢孙红雷主演的一部电视剧——《一代枭雄》。

在《一代枭雄》里，风雷镇的秀才施喜儒这样评价为父报仇的何辅堂（孙红雷饰演的角色）：“你小子少年老成，霹雳手段，菩萨心肠，日后的风雷镇必是你的天下。”

先简单讲一下故事的来龙去脉。

何辅堂的父亲为人老实巴交，在镇上财主刘庆福家做长工，负责运盐。其实，贩盐是假，贩运大烟是真，但这些长工们并不知情，后来成了替死鬼，被刘庆福所杀。

不巧，这一幕被何辅堂亲眼看到。为了替父报仇，他一把火烧了自家的祖宅，造成走投无路的假象，然后求刘庆福收留他。

一步步取得刘庆福的信任之后，他甚至成了刘家的上门女婿。之后，他巧妙设计，让刘庆福贩运大烟的事败露。最终，刘庆福被处决，何辅堂终于报了杀父之仇。

刘庆福死后，何辅堂作为上门女婿，开始掌管家业，他做出

的第一个决定就是免除镇上百姓欠刘家的高额利息。

这才有了施秀才的那句评价——霹雳手段，菩萨心肠。

看到这一段时，我心头一怔。常常有读者问我一些关于做人做事的问题，这不就是一个很不错的总结吗？

在我看来，一个人优秀的标志，就是做事霹雳手段，做人菩萨心肠，刚柔并济。

01 做事要有勇有谋，雷厉风行

所谓霹雳手段，就是说在做事的时候要有勇有谋，计划周详，出手有力，该出手时就出手，行动果决。

不管是个人成长发展、为人处世，还是团队管理，其实都非常需要这样的品质。

首先看个人成长发展这个方面。

很多人之所以发展得不好，往往是因为以下两个原因：

其一，缺少“谋”，没有明确的规划，心中没有目标和方向，做事时不去思考如何做才高效、方向对不对等；

其二，败于“勇”，心中或许也有想法，但执行力太差，犹豫不决，优柔寡断。

说白了，就是对自己过于宠溺，舍不得对自己下狠手。

反观那些真正优秀的人，他们就舍得对自己下狠手，做起事来往往雷厉风行，说干就干；说今年要考下来教师证，就一定要考下来，放弃周末的休息时间，晚上下班后就忙着看书备考，特别自律。

可以这么说，当一个人自律且努力，舍得对自己使出霹雳手段时，往往就要开始变得优秀了。

然后看为人处世、人际交往这个方面。

我经常说，做人一定不能丢掉善良，要有原则和底线，但善良往往也要带一点锋芒，因为在这个世界上总会有坏人。面对一些不好的人和事，我们必须使出霹雳手段，该出手时就出手，该还击就得还击。

比如，在职场中普遍存在一种"能者多劳"的情况，说白了就是欺负那些不懂得拒绝的"老好人"，欺软怕硬。

我之前写过相关的文章来谈这个问题。当你面对不公平对待的时候，不要总是忍气吞声，在适当的时机下应该果断地拒绝。

实际上，不仅在职场和工作中要如此，在生活中也要如此。很多时候，只有亮出身上的刺，你才能抵挡恶意。

最后看团队管理这个方面。

老话说得好："慈不带兵，义不管财。"这句话的意思是，心肠软的人不太适合带领军队，因为这样的人没有威严，不能做到令行禁止；而讲义气的人不太适合管理财务。

诸葛亮为什么挥泪也要斩马谡呢？

原因其实很简单，就是为了顾全大局。虽然诸葛亮和马谡的交情不错，但诸葛亮毕竟是一个管理者，如果他做不到不偏不倚，就很难服众。

再来说说曹操。有一次，因为骑的马受惊误入庄稼地，踩坏了一片庄稼，他当场要求执法官按军纪判自己死刑。虽然这只是做做样子，但必须要做，因为他作为管理者，必须确保令行禁止，这样日后才能更好地管理团队。

所以说，如果一个人做事时能使出霹雳手段，说干就干，敢做敢闯，雷厉风行，那么他想不优秀都难。

02 做人要心存善意，做好四件事

所谓菩萨心肠，就更好理解了，就是说做人要心存善意，要有悲悯之心，慈悲为怀。

虽然这句话很好理解，但真正做起来却不是那么容易，因为人生来就有劣根性，如果修行不够，往往很难做到这一点。

下面从几个方面具体说说做人要有菩萨心肠到底应该是什么样的。

1. 不把事做绝，给别人留条后路

做事要有霹雳手段，但这并不是说要赶尽杀绝。

实际上，待人接物时，切记别把事情做得太绝，要给别人留条后路，即使有理也要让三分，这就是慈。

很多时候，宽容别人，待人留有余地，往往也是给自己留条

后路。

2. 不欺软，不仗势欺人

什么是善?

在我看来，不欺负弱小、不仗势欺人就是善。做人有这样的善意，往往会得到更多。

3. 不随意评价别人，不乱嚼舌根

俗话说：“舌上有龙泉，杀人不见血。”

龙泉在古代是剑名，泛指凶器。这句话的意思是，我们随随便便说一句话就可能让别人遭受重大的灾祸，杀人都不见血。

做人要有菩萨心肠，最直接的表现就是不随意评价别人，不在人后乱嚼舌根，因为你的一句话所带来的负面影响，可能足以毁掉一个人。

4. 不势利，待人别太势利眼

不要因为别人落魄了，就冷眼相待；也不要因为别人得势了，就大献殷勤。

真诚待人，平等视之，保持谦逊、温和的态度，做人若能如此，就算是达到很高的境界了。

一个人是否优秀往往体现在他做人做事的态度和水平上。如果一个人做事能使出霹雳手段，做人能有菩萨心肠，那么他就离成功不远了。

真正优秀的人，从不过这四种人生

什么样的人生是值得我们拥有的呢？

这是一位读者的提问。

坦白地讲，这个话题有点大，不是很好回答，说得再多，也总感觉不够全面，总结不到位。

对于这个问题，仁者见仁，智者见智。虽然我没办法精准地总结出什么样的人生才是值得拥有的，但我可以告诉你什么样的人生不值得拥有。

在我看来，不管你年纪多大，下面这四种人生都是不应该过的。

01 无趣，单调乏味的人生

人生可以有两种活法，一种是有趣地活着，另一种是无趣地活着。虽然生命的长度差不多，但人生的质量却有着天壤之别。

过前一种人生的人敢于挑战，热衷于尝试，从不给自己设限，总是充满激情；而过后一种人生的人则常常虚度光阴，对很多事情都提不起兴趣。

在现实生活中，有些人才华横溢，能歌善舞，会写作、绘画，也能弹钢琴、打篮球，同时还是一个好厨师。

这就是我所说的“有趣人生”，这种人活一辈子能抵得上别人活好几辈子，能做很多人好几辈子都做不完的事。

这些人都很有天赋吗？

未必如此。在这个世界上，真正的天才实在太少了，才华横溢的背后其实只不过是用心练习而已。

不要说自己没有弹钢琴的天赋，只要每天将追剧的时间用来学钢琴，一年以后，你也可以在公司年会上表演了；

别说自己天生写字难看，每天抽出一个小时练字，一年以后，你写出来的字肯定会比身边的绝大多数人好看；

……

卢梭说：“人是生而自由的，但却无处不在枷锁之中。”

给人生套上枷锁的，往往就是我们自己。

实际上，我们这一生是可以做很多事情的，是可以有很多才华的。想做什么就去做，想学什么就去学，只要坚持去做，人生真的会有无限可能。

在有限的人生里去做无限的尝试，这样的活法才不辜负生命。

02 盲从，没有主见的人生

不轻易评价别人是一种修养，不活在别人的评价里是一种修行。

但很可惜的是，很多人在这个方面的修行不到家。

他们太在乎别人的评价和看法，过于盲从，最终努力活成了别人期待的样子，尽管这并不是他们真正想要的。

我认为，盲从的人生分为两种，一种是盲目地服从，另一种则是盲目地跟从。

前者就是上面说的，太在意别人的看法，努力活成了别人期待的样子；而后者同样糟糕，这种人根本不知道自己想要什么，别人干什么，他们也跟着干。

总而言之，这两种人生最大的问题就在于缺乏主见，要么是心中有想法但压抑着这些想法，要么就是完全没有自己的打算。

盲从的、没有主见的人生，一来难以真正获得幸福感，二来难以取得成就。

提两点小建议：

（1）从今天开始，学着与自己独处、对话，搞清楚自己真正想要什么，然后认真地做计划，再一步步落实；

（2）从今天开始，活得“自私”一点，尽可能按照自己的意愿去生活，这往往才是对自己最大的尊重。

很多时候，当你活得很好时，一切反对的声音都会戛然而止。

03 放纵，糟蹋身体的人生

有一段时间，因颈椎不舒服，我常去一家推拿店做推拿。

这家推拿店有两点令我感到惊讶。

一是这家店的生意很不错。虽然我都是挑工作日的上班时间去，但去了之后依然需要等。店里的顾客总是很多，以至于我后来只好先打电话约好时间。

二是在众多的顾客中，40 岁以下的人占比不少。据一位熟悉的推拿师傅讲，他服务过的最年轻的顾客只有 14 岁，才上初二，腰疼得都没办法坐直。

来这里的人，要么是颈椎不舒服，要么是腰不舒服，而导致这些问题的主要原因无非是久坐、不运动、低头玩手机……

我之所以讲这些，就是想说身体是很诚实的，你不好好爱惜、维护，过于放纵，身体就会惩罚你。

不管年纪多大，糟蹋身体的活法都是非常要不得的，哪怕你很年轻，也一样要为这种不负责的行为付出代价。

身体健康是一切之根本，根基毁了，就什么都没有了。

从今天开始，请少熬夜、少玩手机、多运动，别仗着自己年轻就为所欲为。在健康这件事上，如果你不怜惜自己，那么这个世界也不会怜惜你。

04 悲观，习惯抱怨的人生

我从不否认生活是艰难的，人生是不易的；尤其随着年岁的增长，我愈发觉得活着真难。

但是，我这个人有一个不错的地方，也算是我的一个优点吧，就是比较看得开，心态乐观，很少会去抱怨。

在我看来，一个人最不应该活成的样子、最不应该拥有的人生，就是整天愁眉苦脸，苦水吐不完，心酸事说不尽，抱怨成瘾。

为什么呢?

原因有二,一是抱怨并不能解决实际问题，只会滋生更多的问题，让情况变得更糟；二是抱怨成瘾的人，不仅幸福感很低，还是人际关系的头号杀手，令人生厌。

美剧 *This is us* 里有句台词说得特别好："你要学会如何将生活赠予你的最酸涩的柠檬酿成一杯甘甜的柠檬汁。"

生活也许是苦涩的、不易的，但这并不妨碍我们拥有一个快乐、美丽的人生。

很多时候，你的心态决定了你眼里的世界。从今天开始，请不要再抱怨个没完，学会微笑，做一个豁达乐观的人。

这样的心态，会让你受益良多。

我一直觉得，"知道不要什么"往往比"不知道要什么"对人的影响更大，当你越来越多地知道自己不要什么时，离想要什么的答案就越来越近了。

往后余生，请好好努力，难得来这世界走一趟，别浪费了!

凡事提前几分钟，是一个人走向优秀的开始

有一位读者对我说："哈叔，看了您的文章以后，我很想改变现状，不想再浑浑噩噩地混下去了，但不知道该从什么地方开始改变。"

我给他的建议是："就从凡事提前几分钟开始做起吧。"

或许有人会感到很诧异，凡事提前几分钟有什么神奇的功效吗？

且听我细细道来。

01 凡事提前和不提前，差别巨大

在《令人心动的 offer》里，有一段情节让我印象深刻。

实习的第二天，上班的时间已到，可实习生梅桢的工位还是空荡荡的。很显然，她迟到了。

那天，上海下着很大的雨，又是早高峰时段，路上特别堵，更糟糕的是，前方还出现了交通事故，车子更无法前行了。

眼看自己快迟到了，她只好放弃打车，改坐地铁。

为了赶时间，她已顾不上形象，脱下了高跟鞋，提着鞋子和包一路狂奔。但当她气喘吁吁地跑到站台时，已经错过了这班地铁，只好等下一班。

最终，当梅桢非常狼狈地赶到公司时，已经迟到了差不多半个小时。

带教律师金律师给她上了一课：我们凡事都应该提前做好准备，律师在任何场合都不能迟到。

可能很多人并不了解，在开庭的时候，如果律师迟到这么久，那么法院是可能将案件按撤诉处理的。

说回迟到这个问题。

实际上，梅桢已经很努力地赶时间了，当她提着鞋跑到站台时，看到地铁的闸门关上，她都快急哭了，沮丧至极。但这仍然无法改变她迟到的事实，更不是迟到的理由。

试想，如果在前一天晚上提前关注天气情况，早上提前一个小时出门，留下充足的缓冲时间或者应对突发情况的时间，最后很可能就不会迟到，更不会上演“人在囧途”。

在现实生活中，很多人在做事时都习惯将时间卡得特别死，比如最常见的一件事——早上上班。

公司9点上班，不少人明明8点就已经被闹钟叫醒了，但就是迟迟不起床，看看手机，算算时间：刷牙、洗脸要多久，出门要多久，等电梯要多久。每一件事情，时间都卡得死死的。

拖到最后，不得不起床了，才火急火燎地穿衣服出门，一路上风风火火的，每次打卡都是踩着点儿。

俗话说："人在江湖飘，哪有不挨刀；常在河边走，哪有不湿鞋。"

万一哪个环节出现了突发情况，比如电梯坏了，或者一份重要的文件忘记带了，需要折回去拿，或者经常走的那条路临时封路了，迟到就很难避免了。

随之而来的恶果可能是全勤奖没了，一天的工作状态都不太好，在领导心中的形象变差了，等等。

反过来，若能提前几分钟出门，往往就不会发生这些糟心的事情了。

所以，凡事提前几分钟和根本不做准备，差别还是挺大的，有时候甚至能决定事情最终的走向和结果。

之前有一位读者就有过这样的惨痛经历：和对方约好了签合同的时间，但自己迟到了十几分钟，最后人家不签合同了。

遇到这种事，别说对方怎么这么挑剔，应该先从自己身上找原因：我为什么会迟到？为什么不能提前做好准备？

人生中有很多的机会就是这样失去的，有很多大事就是由一些不起眼的小事引起的。

细节见真章！

02 凡事提前几分钟，是走向优秀的开始

我之所以建议那位读者从凡事提前几分钟做起，是因为这是一个人走向优秀的开始。

为什么这么说呢？

原因有四。

1. 可以避免很多糟糕的事

第一个原因自然就是可以避免很多糟糕的事。上面讲了一些案例，这一点应该是比较容易理解的。

实际上，生活中有很多不幸真的是可以避免的，而且并不需要你有多大的本事、多高的天赋，只需要你提前做好准备，给自己留点余地和缓冲的时间。

2. 做起事来更从容、高效

匆匆忙忙地做一件事和淡定从容地做一件事，其结果往往是不同的，前者更容易将事情搞砸。

因为人在慌乱的情况下心智不稳定，更容易出错，甚至犯一些很低级的错误，能力也会因此而大打折扣。

比如，有些人早上起晚了，一路风风火火地赶到公司上班，他们需要花很长时间才能进入工作状态。

如果凡事提前几分钟，做好准备，做起事情来自然就会很从容，效率也会比较高。

3. 可以给别人留下良好的印象

我们经常遇到或听到因迟到而失去签约机会的情况。从客户的角度讲，客户其实并不是因为迟到这样的小事而拒绝合作，而是这种不守时的行为会让其担心日后的合作恐怕也会发生种种意外。

我们经常说，要做一个靠谱的人，要与靠谱的人共事。

靠谱的人之所以让人放心，往往就是因为他们懂得凡事提前做准备，这样才能最大限度地把事情做好。

所以，有这种习惯的人通常都能给别人留下不错的印象，而这样的印象将是我们人生路上最好的通行证。

4. 可以让人变得自律，改善拖延症

我们还是以早上上班这件再平常不过的事情为例。非常有意思的一点是，公司规定 9 点上班，很多人会火急火燎地往公司赶；如果公司将上班时间调整为 8 点半或 10 点，他们依然是这般模样。

原因并不在于几点上班，而在于他们身上的拖延症，他们总是不够自律，非要拖到最后一刻才开始行动。

凡事提前几分钟，其实争取的不是时间，而是余地。凡事提前几分钟，既是一种好习惯，也是一种自律。

一个人之所以优秀，往往就胜在这一点；而一个人平庸，往往也是败在这一点。

承认别人优秀，是一个人变得优秀的开始

在生活中，我们时常会碰到这样的事情：

一个年轻人成了公司老板，有人就会说，这个家伙肯定有一个有钱的爹，这真是一个“拼爹”的社会；

一个女职员从基层快速晋升到管理层，有人就会说，要说她和老板没点儿关系，打死我都不信，这么多老员工都没升，凭什么她升得那么快！

……

我见过丑陋的暗箱操作，也见过光明正大的向上生长。在这个世界上，光亮和阴影总是并存的。

很多时候，你质疑一切，往往也就因此而失去一切。

一个人始终停滞不前，活在阴暗的角落里，有很大的可能是因为他的眼里看不到光亮的那个部分。

而承认别人的优秀，往往是一个人真正变得优秀的开始。

01 不愿承认别人优秀，到底是怎么想的

为什么很多人不愿意承认别人的优秀呢？

2019 年夏天，各省的高考状元相继出炉，广西高考状元杨晨煜以 730 分的高分和“神仙颜值”在网上刷屏。

杨晨煜是 2019 年的广西理科卷面分、总分双状元，同时也是广西恢复高考以来理科总分最高纪录创造者。

这样的人，可以说是非常优秀了。

但仍有一些挑刺的人说，广西的高考状元有什么厉害的，有本事就在河南考一个；还有人说，考上状元有啥用，出来还不是一样打工……

网上这样的酸言酸语真的有很多。再优秀的人到了他们眼里，都要下降好几个档次。

这些人到底是什么心理呢？

作家周国平有句话是这么说的：“毁谤的根源是懒惰和嫉妒，因为懒惰自己不能优秀，因为嫉妒而怕别人优秀。”

我深以为然！

“你做得很不错，你真的很厉害”，这看似简单的赞许，很多人往往是说不出口的，并不是因为他们看不到，而是他们选择视而不见。

他们之所以选择视而不见，往往是因为内心深处的自卑，他们希望为自己的无能找一个合适的借口，用来自我安慰。

所以，你会发现一个很有趣的现象：越是没本事的人，往往越自大，越张牙舞爪，说话也越挑剔，总是对别人的优秀视而不见。

相反，那些真正优秀、真正有本事的人，反而态度谦逊，总能看到别人身上闪光的地方。

我并不是说优秀的人就不会有妒忌的心理，其实，看到比自己优秀的人就心生嫉妒是很正常的，这是人性。

但是，优秀的人不会被嫉妒困住，他们很快就会转向学习和追赶，而平庸的人则会停滞于此。

这是层次上的差距，这种差距会让不同的人之间拉开更大的差距。

02 承认别人优秀，你才能真正优秀

上面已经说过，优秀的人并非不会嫉妒别人，但他们更专注于成长和追赶。

他们能从自己嫉妒的对象身上吸取正面的能量，或者思维、方法，或者目标……

很多时候，仰望别人，你才能真正地看到差距，才能看清楚自己所处的位置，才知道自己想要成为什么样的人、站到什么位置。

这也是我说“承认别人优秀，你才能真正优秀”的原因。

看不到别人的优秀，就会在自己编织的借口里沉沦，相信别人优秀是因为运气或外力，不是靠自己。

有了这样的思想，人就会变得懈怠、厌世，也会因此而停滞不前，永远没办法成长，没办法真正变好。

孔子曰：“三人行，必有我师焉。”

这句耳熟能详的话，其实主要讲了两点：

（1）每个人都有自己的长处；

（2）要善于发现别人的优点，向对方学习。

如此，你才能真正获得成长。

可以说，能不能承认别人优秀这件事，体现了一个人的格局和胸怀，也藏着一个人的结局。

实际上，仰望别人并不会让你更低，并不意味着你不聪明、不够好、不够优秀。

当你丢掉这样的包袱，打开心理上的这道枷锁，用一种更健康、更开阔的心态去看待别人，也看待自己时，你就会变得非常强大。

真正厉害的人，往往都是悄无声息的

关于成熟，我有一些新的感悟。

我发现，一个人成熟的标志之一就是不再逢人便说自己有多努力，叫嚷着要如何如何努力。

换句话说，在成长和努力这件事上，真正成熟且优秀的人往往都是悄无声息的。

之所以有这样的感触，是因为我听说一个朋友最近跳槽去了一家新公司，直接进了管理层。

这些年，他给我的感觉是不断地向上走，每次见面都感觉他比之前变得更好了，无论事业还是生活，甚至身材都是如此。

但与不少人喜欢“立 flag”的做法不同的是，他始终处于静默的状态，你不曾听他说过什么豪言壮语，就像紫茉莉花一样，在晚上独自开花，根本无所谓是否有人欣赏。

随着年岁的增长，见过不少人和事以后，我发现这种“闷葫芦”式的人似乎更容易成功。

01 为什么悄无声息的人更容易成功

有一句话是这么说的：“实墨无声空墨响，满瓶不动半瓶摇。”

这句话的意思是：装满墨水的瓶子不会有响声，或者响声是很小的；而没有装满墨水的瓶子则容易发出很大的声响，也更容易摇晃。

言外之意是，真正有水平的人更有内涵和修养，一些没什么本事的人反倒喜欢高谈阔论。

我初二时的数学老师就经常用这句话来警告那些取得一点成绩就沾沾自喜、尾巴翘上天的同学。

现在回头想想，好像确实如此。

那些成绩很好也一直都很稳定的同学，往往都比较低调、内敛，好像考个年级前五名都是应该的事，显得特别淡定。

而且，这些同学在考砸一次以后，通常也不会有太多的言语，还是像以往一样，默默地学习。

不管是在学生时代，还是在进入职场之后，优秀的人大多都有这样的特质，他们总是默默地成长，默默地发力。

可以说，这是优秀者身上的一种共性。

既然是共性，就说明这种特质很可能就是一个人变得优秀的原因之一。

实际上，这种悄无声息的背后，藏着两大隐形的成功必备要素：

（1）脚踏实地，高度专注；

（2）具有独立思考的能力。

很多时候，即便付出努力，往往也只能达到比普通高一点的水平。只有脚踏实地，心无旁骛地持续努力，保持极高的专注度，才能显著优于常人。

很多人之所以变得优秀，其实就胜在够坚持、够吃苦，耐得住寂寞，心无杂念。

这是成功做好一件事的必备条件之一。

此外，一个人要想达到这样的境界、保持这样的姿态，就需要强大的内在驱动力，而这种驱动力通常来自独立思考。

所谓独立思考，其实就是能和自己对话，清楚地知道自己想要什么、不想要什么、应该怎么做。

所以，他们往往不会向外界大声宣告自己的志向，也不会在取得成绩时炫耀，他们只想完成自己的计划，做自己想做的事情，这也可以理解为我们常说的“成熟”。

这种成熟比外界的施压和刺激更有力量，这也是做好一件事的另一个必备条件。

为什么那些悄无声息的人往往都很厉害？原因就在于此！

02 为人处世，请明白这三件事

基于这个话题延伸一下，在为人处世方面，我有这么三点思考和总结想和大家分享。

1. 如果没有天赋和资本，就请默默地努力

第一点思考是关于做事的。

如果你想做好一件事，收获比别人更多的东西，就请你默默地努力，潜心成长。

这个时代变化很快，什么都讲究快，这也导致浮躁的情绪蔓延。其实，很多看起来很轻松的事，背后往往都有你看不到的付出。

有人只看到岳云鹏如今的光鲜亮丽，却看不到他曾经默默地说了 10 多年的相声，曾经干过很多杂事，为生活而奔波。

不管时代如何变化，没有谁的成功是轻轻松松的。

如果你没有天赋和资本，那么默默努力对你来说就是最靠谱也是最好的选择。

2. 别四处炫耀和倾诉，没有几个人真正在乎

第二点思考是关于做人的。

不管你有多么远大的志向，不要在还没有成功的时候就四处宣扬，否则一是容易“被打脸”，二是没有几个人真正在乎。

同样的道理，当你取得了一点成绩时，也不要四处炫耀，真

心为你感到高兴的人往往少之又少。

人与人之间的关系其实是很微妙的。这种看似疏离的处世态度，反而更容易让别人愿意靠近你，也更容易让你得到别人的尊重和欣赏。

3. 生活是自己的，请活得自我一点、清醒一点

第三点思考是关于处世的，是顺着第二点想到的。

生活是自己的，人生是自己的，是好是坏都是自己的，所以不妨活得自我一点、清醒一点。

所谓清醒，其实就是上面说的独立思考，你要明白自己真正想要什么、不想要什么，然后走好自己选择的路，坚定地走下去。

这与成功无关，人生中的很多事情并不一定都要以成功与否来衡量，只要自己觉得有价值就可以了。

老话说："人生在世，难得糊涂。"

其实，活得清醒、通透也是很难的。

愿往后余生，我们都能戒骄戒躁，静悄悄地成长，默默前行，活成自己想要的样子。

第二章

自律是成长的加速器

自律的程度，决定人生的高度

2020 年夏天，随着华为“天才少年”新招录名单的公布，这个项目又受到了广泛的关注，“高薪”和“天才”成了不得不提的两大标签。

据报道，被选中的这些毕业生，年薪最高的一档可达 201 万元，平均年薪也在百万元左右。

下面讲一个 2019 年被该项目招录的毕业生的故事。

他叫左鹏飞，华中科技大学计算机系 2014 级的直博研究生，一毕业就拿到了 201 万元的最高档薪资，当时他年仅 27 岁。

在校期间，左鹏飞发表了高水平论文 10 余篇，在计算机操作系统和体系结构领域帮助华科实现了历史性的突破。

用“天才少年”来形容他，一点都不为过。但左鹏飞的回应和鲁迅如出一辙：“哪有什么天才，我只是把别人打游戏的时间都用在实验室里了。”

1992 年出生的左鹏飞来自湖北随州的一个普通家庭，2010

年考入华中科技大学计算机专业。

本科四年，左鹏飞按部就班地上课，有时也会打打游戏、玩玩篮球。2014 年本科毕业、面临就业时，左鹏飞发现自己并没有那么优秀。

恰巧这时有个直博的机会（需要投入 5 年时间），考虑良久之后，左鹏飞选择了留校深造。

做出这个决定是不容易的，因为这意味着他还要在学校里待上 5 年，而同龄人利用这 5 年时间很可能已经在社会上取得了非常不错的成绩。

为此，左鹏飞给自己制定了严格的学习计划。

他的日常作息表是这样的：早上 8 点起床，8 点 30 分之前进入实验室，学习到 11 点 30 分，然后吃午饭；下午 2 点进入实验室里学习，学习到 5 点 30 分，然后吃晚饭；晚上 6 点 30 分到 9 点 30 分继续在实验室里学习，有时甚至到 10 点多才回去休息。

每周 7 天，连续 5 年，几乎天天如此。

对于左鹏飞的故事，我想说的是：一个人变得优秀，天赋固然很重要，但更重要的还是勤奋和坚持。

在成长的路上，必须足够自律。自律的程度，往往决定了最终的高度。

就像左鹏飞，如果没有这几年高度自律的学习，就不会有别人眼里的天才少年。

01 你不够优秀，往往是因为不够自律

人与人之间的差距是很大的，有些人真的非常优秀，浑身都在发光，而很多人则平庸得很。

那么，优秀与平庸的差距是如何形成的呢？

当然，不可否认，天赋往往是很关键的。比如，在篮球运动中，身体的天赋条件显得极为重要，因为技术可以慢慢打磨，但身体上的优势通常是难以塑造的。

但是，天赋并不是唯一重要的因素，对大部分事情和大部分人来说，真正起到决定性作用的往往是自律。

换句话说，很多人之所以不够优秀，最根本的原因其实是不够自律。

以健身为例，有些人拥有令人羡慕的好身材，他们最大的秘诀就是自律：在饮食上管住嘴，在锻炼上迈开腿。

反观那些大腹便便、一身赘肉的人，他们最大的弱点往往就是自律性很差：在美食面前无法控制住自己，胡吃海喝，不加节制；在锻炼身体时，又总是无法战胜惰性，懒得运动。

一天两天看不出差距，时间久了，一年两年之后，差距就出来了，而且会非常明显。

奋斗这件事也一样。有些人之所以能从众人中脱颖而出，往往是因为他们对自己的要求非常严格，能战胜惰性，将努力变成一种深入骨髓的习惯。

他们每天进步一点点、成长一点点，慢慢地赶超前面的人，日积月累，最终跑在了大多数人的前面。

而那些落在最后面的人，他们最大的弱点往往是贪玩成性，看五分钟书，玩两小时游戏；在时间的安排上，总是吃喝玩乐排在前面，学习和成长靠后。

对于这两类人，如果只是一天两天，根本看不出什么差距，但时间长了，差距就会数倍、数十倍地放大。

02 自律的程度，决定人生的高度

我相信，没有人不希望拥有一个光芒万丈的人生。

这里的“光芒万丈”并不是指在事业上有多成功或者挣了多少钱，而是对人生有了更多的选择权，拥有了很多值得回忆的经历，积累了很多热气腾腾的故事和瞬间。

我认为，要想做到这些，最不可缺少的特质就是自律。

平心而论，谁不想在周末出去玩，谁不想在下班以后看看剧、玩玩手机，或者约上三五好友出去玩一玩……

但是，每个人的时间和精力都是有限的，一旦在这些事情上浪费了太多的精力，在成长和发展上的投入就会变少。

投入的精力少了，收获就少，成长就慢。

所以说，优秀的人并不是不想吃喝玩乐，只是他们不允许自己这么做，只是他们懂得自律罢了。

我们不妨静下心来问自己这样一个问题：这些年来，我曾经为达成一个目标、做好一件事（比如考研或者学习某项技能）而全力以赴过吗？

如果答案是肯定的，那么不管结果如何，我相信你都会感谢这段经历，庆幸自己当初这么做了。

如果答案是否定的，那么我相信你已经明白接下来应该怎么做了。

人这一辈子，其实拼的就是自我管理。越是自律的人，越容易走得远、站得高，越容易拥有真正的自由。

所有优秀的背后，都是苦行僧般的自律

最近集中阅读了一些关于印度苦行僧的故事，最大的感触就是，人的潜能与毅力是惊人的。

其中一个故事是这样的。有一个名叫阿玛尔的苦行僧，为了修行，为了与凡尘划清界限，他毅然决然地举起自己的右手，长达 40 多年。

如今，他的右手已经完全失去知觉，所有的肌肉组织全部萎缩，手臂再也不能放下来，只能一直高高地举着。

在当地，阿玛尔被视为神明一样的人物。

并不是所有的人都能理解他的这种行为。对于这件事，我想说的是：一个人能够取得多大的成就，往往取决于他有多自律、坚持了多久。

01 人为什么要自律

很多时候，我们只看到了别人优秀的样子，却忽略了他们为此付出了多少努力。

一个自律到骨子里的人看上去往往是无趣的：在别人出去玩乐的时候，一个人窝在那里看书；在别人享用美食的时候，一个人在健身房里挥汗如雨；周末，其他人睡到中午才起床，他依旧雷打不动地早起、跑步、看书、工作……

这样的人，看起来无趣，活得一点都不洒脱和自由。

但是，真实的情况是，自律的人比不自律的人要自由得多。

这句话怎么理解呢？

举个例子，朋友大鹏觉得年轻的时候就应该及时行乐，想吃什么就吃什么，想喝什么就喝什么，想熬夜就熬夜，随性一点，不要活得那么无趣。

他喝酒撸串熬夜，吃完就睡，很少运动，活得随性又潇洒。

去年有一段时间，他总是胸口疼，浑身不舒服，后来去医院检查才发现自己已经患上重度脂肪肝，肠胃也有问题，这些病都是作息和饮食习惯不好造成的。现在，他只能严格控制饮食，油腻的食物连碰都不能碰。

这就是一个因为不自律而导致不自由的例子。人生何尝不是如此？

如果你总是随心所欲，总认为要及时行乐，不知道努力，别人玩你也玩，别人在努力你还在玩，那么这种看似自由的状态只能持续一段时间，你迟早会发现自己越活越没有自由，失去了选择的权利。

康德说，所谓自由，不是随心所欲，而是自我主宰。

这就是一个人要自律的原因——为了以后能自由一点，身体和人生都自由一点。

02 所有优秀的人背后，都是苦行僧般的自律

在电视剧《欢乐颂》里，女高管安迪是几个女生中最自律的人。

她每天早上都会跑步健身，从不偷懒。她热衷于阅读，几乎不看电视，也不玩手机游戏，很少叫外卖，对热量高的食物敬而远之。

所有优秀的人，背后都有着苦行僧般的自律。

演员彭于晏最近几年很受欢迎，提到自律，我总会想起他，他那健硕的身材令很多人羡慕。

彭于晏坦言，自己其实是易胖体质，为了保持良好的身材和形象，不管有多忙，他每天都会抽出几个小时健身。对于饮食，他更是严格控制，他说自己有 10 多年不曾吃饱过，几乎快忘记糖果是什么味道了。

前段时间，我给大家推荐了电影《当幸福来敲门》，男主角是好莱坞影星威尔·史密斯，他几十年如一日地坚持慢跑和力量训练，年近 50 岁的他依旧保持着健硕的身材。因此，不管是文

艺片还是动作片中的角色，他都能轻松驾驭。

演艺人士如此，文学界的精英同样也有着惊人的自律。日本作家村上春树从 30 岁开始写作，至今已经有大约 40 个年头了。在此期间，他创作了大量的作品。

村上春树在写作上有个习惯，他每天只写 4000 字，一页纸 400 字，每天写满 10 页就停下来。

另外，他每天都会花一个小时跑步，雷打不动。正是这种高度的自律，让他拥有足够的精力持续产出优秀的作品。

商业精英的自律更是可怕。比尔·盖茨几十年来坚持每周至少阅读两本书。

很多时候，不是优秀了才变得自律，而是自律了才会变得优秀。对于那些自律的人，连上天都不忍心辜负他们。

每个人都有权选择以什么样的方式活着。有人认为，人生苦短，要及时行乐。当然，这也是一种活法。但我想告诉你另外一种活法：自律的人生往往更加美好。

遇事不责备，是一个人的顶级自律

先讲一个小段子。

晚饭后，妈妈和姐姐在厨房里洗碗，妹妹和爸爸在客厅里看电视。忽然，厨房里传来了碗被打碎的声音，随后一片安静。

妹妹对爸爸说："这个碗肯定是妈妈打碎的。"

爸爸问她："你是怎么知道的？"

妹妹的回答很有意思："因为妈妈没有骂人啊！"

相信很多人都看过这个小段子，而且对这个段子所要表达的意思深有感触。

在现实生活中，只要发生一些不好的事情，总是会伴随着指责的声音。

比如，妻子倒车时车擦到了墙，丈夫一顿数落："怎么开的车？开不了就别开！"

孩子在学校里和同学打架了，家长到了学校便开始骂孩子："不好好学习，一天到晚总惹祸……"

员工在工作中出现了失误，把上司交代的事情办砸了，上司劈头盖脸地批评："你到底是怎么做事的？"

在工作和生活中，我们总是有意无意地扮演着指责别人的角色，同时也常常受到别人的指责。

可以这么说，批评和指责的声音充斥着我们的日常生活，也是人生的一部分。

今天，我们就来聊一聊这个话题。

在我看来，对于某些人、某些事，批评和指责是应该的。但是，遇事不轻易指责别人，往往是一个人的顶级自律。

01 遇事不轻易指责的人是情绪管理高手

当我们想了解一个人的自我管理能力也就是自律性怎么样时，最好的检验方法之一就是看他对情绪的掌控力如何，看他能不能控制住自己的情绪。

情绪通常是最难控制和管理的。在这个世界上，太多的悲剧和不幸都是由情绪问题造成的。

拿破仑曾说过这样的话："能控制好情绪的人，比能拿下一座城池的将军更伟大。"

那么，如何判断一个人的情绪管理能力是强还是弱呢？

我在别的文章里说过，要想知道一个人的真实人品怎么样，判断他是不是一个善良的人、懂不懂得尊重别人的人，不能看他是如何对待强者的，而应该看他是如何对待弱者的。

面对弱者依然保持尊重的态度、能够善待弱者的人，其人品不会差。

同样的道理，我们要想了解一个人的情绪管理能力如何，不能看他心情好或情绪平和时的表现如何，而应该看他情绪糟糕、不顺心时的言谈举止。

一个人在情绪糟糕的时候，内心有一团大火在燃烧，如果他还能好好说话、不意气用事，就说明他拥有很强的自我约束能力。

先举一个正面的例子——忍受胯下之辱的韩信。

传说，没成名之前的韩信有过一次难以启齿的经历。

有一天，韩信走在街上，一个无赖拦住他，不让他离开。

这个无赖腰间挂着一把剑，天天在街上晃荡，其实早就看韩信不顺眼了。

他给韩信两个选择：要么拿剑杀了他，要么从他的胯下爬过去。

围观的人越来越多，韩信看了他一眼，当真从他的胯下爬了过去，随后站起来拍拍身上的尘土就走了。

难道韩信心里不愤怒吗？

当然不是，没有人愿意当街受到这样的羞辱，只不过他硬是压住了心中的怒火。

再举一个反面的例子——张飞之死。

张飞与大哥刘备、二哥关羽艰难创业，戎马半生，终于打下了蜀汉天下，位列蜀汉五虎上将之一，多么英勇的一号人物啊！但最后他在睡梦中被自己手下的人杀了。

如果他的脾气不是那么暴躁，在手下人解释工作有难度时能客观冷静地处理，而不是暴跳如雷，不分青红皂白地将人家毒打一顿，恐怕就不会发生这个悲剧了。

所以我才说，一个人在遇到糟糕的事情时还能保持情绪稳定，不轻易地指责别人，这才真的是顶级的自律，也是一种顶级的魅力。

02 自律的背后往往是修养和格局

为什么有些人在遇到一些不顺心的事情时可以很好地控制自己的情绪，而有些人就做不到呢？

我认为，这种顶级自律的背后是一个人的修养和格局。换句话说，做不到的人往往就差在这两个方面。

先说修养。

《道德经》里有这样一句话："大道之行，不责于人。"

这句话的意思是，不随便责备别人是一种难得的修养。

比如，被别人不小心踩脏了新鞋子，有修养的人虽然心里不高兴，但他们能做到不发火、不计较，因为他们能谅解别人。

再比如，点了一份外卖，结果外卖小哥迟迟不到，有修养的人不会不问原因就投诉、责怪对方。

真正有修养的人，并不是没有情绪，而是更有同理心，更能理解别人，更懂得站在别人的立场去思考问题。

很多时候，我们在遇到不好的事情时对别人一通责备和数落，真的对吗？我们真的了解背后的真相吗？未必！

再说格局。

韩信之所以没有和那个无赖计较，就是因为他很理智、格局比较大，他知道和这样的人纠缠是不值得的。

如果当时韩信一气之下拿剑杀了他，历史上就没有创下丰功伟绩的大将军韩信了。

很多时候，我们之所以无法控制情绪，总是逞口舌之快，最本质的原因还是不够成熟，格局不够大，搞不清孰轻孰重，权衡不了利弊。

西方有句谚语："不要为打翻的牛奶而哭泣。"

这句话说的其实就是格局和心智成熟度的问题。牛奶已经打翻了，再怎么哭、再怎么抱怨和责怪也没有用，最重要的是再去找一瓶新的牛奶。

所以，那些遇事不轻易责备别人的人，通常都是人生的大赢家，不管在生活中还是工作中，都是如此！

一个人开始高度自律的三大迹象

最近这几年，“自律”成了一个高频词汇：

要想拥有令人艳羡的身材，你得自律，管住嘴，迈开腿；

要想在学业上、事业上比别人更优秀，你也得自律，战胜懒散，持续努力……

自律是什么？

自律其实就是变被动为主动，在没有外部监督的情况下，主动地约束、管理自己的一言一行。

比如，在一个较为偏僻的路口，没有交警执勤，没有摄像头拍照，路上的车辆也很少，但依然遵守交通规则，不闯红灯，这就是自律。

为什么“自律”这个词会成为高频词汇？

原因就在于，自律这种品质会让我们的言谈举止更积极向上，变得越来越好，最终推动我们的人生不断向上，向好的方向发展。

可以说，自律就是人生通往美好的一把金钥匙，你打开了自律的大门，走进那个世界，你就能拥有美好。

那么，如何判断一个人手里是否拿到了这把金钥匙呢?

有三个迹象可循。

01 有是非之心，认知水平在提高

一个人变得高度自律的第一个迹象是：有是非之心，认知水平在提高。

有人可能会好奇：自律和是非观、认知水平有什么关系呢?

我告诉你，这两者之间有莫大的关联：认知水平越高的人，是非观越清晰、越强烈的人，往往越自律。

什么是认知水平?

简单地讲，就是我们对事实真相的了解、认识程度。

还是以闯红灯为例，一个刚学会走路的孩子，或者一个从古代穿越到现代的人，肯定是不会遵守红绿灯规则的。原因在于，他们对交通规则没有足够的认知，脑海中完全没有红灯停、绿灯行的概念，他们自然就不会约束自己遵守交通规则。

再举一个例子，法国作家雨果曾说过这样一句话："多建一所学校，就少建一座监狱。"美国作家马克·吐温也说过类似的话。

为什么多建一所学校，就少建一所监狱呢?

原因也是认知水平。

教育的意义可不仅仅是学习知识，教育赋予了人们一定的是非观，让人们对道德和法律有了更多的认知，知道什么该做、什么不该做。

如果缺乏教育，对一些事情的认知不够到位，人们就不会约束自己的言行。

所谓法盲就是如此，很多时候，这些人犯法并不是有意而为，他们只是不知道他们的行为触犯了法律，所以根本没有约束自己。

自律，其实就是约束自己去做正确的事。要想做正确的事，就得先知道什么是正确的、什么是不正确的，也就是要有是非观。

有些人非常推崇曾国藩，甚至称他为“封建王朝的最后一个圣人”。实际上，他在 30 岁之前是一个十分平庸的人，一身毛病，直到经历了一些事情之后，才有了顿悟：欲成大事，必先五戒。

很多时候，有心改变，才能真正开始改变。这正是我们要经常自省、多阅读、多与优秀的人交流的原因。

02 是非观背后的抉择

既然有了是非之心，知道什么该做、什么不该做，那么接下来无非就是选择的问题了。

那些高度自律的人往往都能做到以下两点。

第一点是，知道不可为，就坚决不为。

知道什么不能做，就管住自己，坚决不去做，这便是一个人高度自律的第二个迹象。

比如，熬夜这件事就很有代表性。

可以说，几乎没有人不知道熬夜是一个非常不好的习惯，害处众多。真正自律的人能很好地约束自己不去熬夜，而不自律的人虽然知道这样不好，但无法控制自己。

再比如，偷懒这件事也很有代表性。

我相信，绝大部分人都知道偷懒是不好的，是成功路上的绊脚石，一个人要想得到更多，就必须先付出很多，要比大多数人更努力。

但为什么有些人可以在没有人监督的情况下，每天早起去背单词，整天泡在图书馆里学习，而有些人看几分钟书就拿起手机玩游戏、追剧呢？

原因很简单，每个人的选择不同。一些人选择了知道不可为就坚决不为，而另外一些人则选择了明知不可为而为之。

我们可以做这样的自省：在个人成长的道路上，如果我们不能约束自己的言行，明明知道有些事是不应该去做的，但还是忍不住去做，这就说明我们是不自律的。

第二点是，知道应该为之，就努力去做。

知道什么事情是应该去做的，虽然不太想做、不喜欢做，但仍然逼着自己去做，这便是一个人高度自律的第三个迹象。

比如，阅读这件事就很有代表性。

很多人都知道阅读对我们的生活和工作是有益的，但对一些人来说，阅读和玩游戏、看电视剧这些事情比起来显得枯燥乏味得多，所以他们不愿意阅读。

那些自律的人可能也有这样的感受，但他们出色的地方在于，他们可以压抑内心的感受，仍然坚持阅读，直到真正喜欢上阅读。

这便是自律和不自律的一大区别。

真正自律的人，不会在这三件事上浪费时间

一位比较熟悉的读者找我聊天，直言自己是一个“八卦大王”，最近几天忙于“吃瓜”，甚至正常的工作也受到了影响。

他说，本来计划晚上弄好一份材料，但一直在刷手机，因为新“瓜”确实太劲爆了，看得根本停不下来。

实际上，不光是这位读者，我身边有几个朋友也在群里吐槽：一上午都在看群里分享的八卦，把正事都给耽误了。

说白了，这其实就是不自律。

关于这一点，我这几个朋友还是挺认同的，更有人发挥自我批评的精神，将自己工作效率低下、事业难有大成就的原因归结于此。

自律和不自律的人生，差别还是挺大的。

一个真正自律的人，往往不会在三件事上浪费太多的时间和精力。

01 不会将时间浪费在八卦上

无论是男是女，也不管是什么身份，人总是会对各种八卦感兴趣，这恐怕是人的一种天性。

所以，一旦有名人出轨之类的新闻出现，就会出现全民“吃瓜”的盛况，茶余饭后聊的都是这些。

但是，真正自律的人懂得适可而止，不会将时间过多地浪费在这些八卦上。

他们之所以不会在这个方面浪费太多时间，原因有两点。

1. 明白聊八卦对成长无益

有一句话是这么说的：“你将时间花在哪，最后的收获就在哪里。”

你在聊八卦的事情上花费太多的时间，最后的收获是什么呢？

收获的往往是荒废时光后的悔恨，收获的往往是毫无成长的人生，收获的往往是在正事上颗粒无收。

什么叫自律？

我认为，真正的自律就是深思熟虑后的自我约束。

既然有过深度思考，他们就会明白其中的利害关系，知道过多地关注八卦对自身的成长毫无益处。

2. 明白“闲则生是非”的道理

将过多的时间和精力浪费在八卦上，除了阻碍自身的成长，把正事耽误了，还有一个很大的风险，那就是容易给自己惹上麻烦。

俗话说："忙解百愁，闲生是非。"

生活中的不少烦恼和不幸都是从聊八卦开始的。你整天张家长李家短地议论个没完，最后张三李四就很可能会和你没完。

懂得这个道理的人是怎么做的呢？两耳不闻窗外事，一心只读圣贤书。

真正会有一番作为的人，往往都有点书生气质，他们不会将精力浪费在别人身上，更多的时候都在不动声色地努力，默默地成长。

在今天这个时代，我们其实非常需要具备这样的特质。

02 不会将时间浪费在娱乐上

毕业几年以后，同学之间的差距可能会变得非常大。有人月入数万元，一路升职加薪；有人则拿着低薪，一直徘徊在公司的基层岗位。

不排除有些人的起点比较高，背后有强大的支持力量，比如进入父母所开的公司担任中层或者高层管理者，这些情况也是有的。

但是，我们更应该关注的是，也有很多起点比较低、要背景没背景、要资金没资金的人，完全靠自己的能力一步步闯出了一片天，拥有了令人羡慕的人生。

那么，这些人是怎么做到的呢？换句话说，他们与普通人之间的差距到底是如何拉开的呢？

还是那句话：你把时间花在哪里，最后的收获就在哪里。

那些原本很普通的人之所以能变得很优秀、超过大多数的同龄人，主要是因为他们将时间和精力更多地用在了自我提升上，用在了学习和工作上。

再看看那些被别人甩在身后、事业没有起色的人，他们往往把时间和精力都用在了娱乐上，比如喝酒打牌、玩游戏、追剧、刷短视频等。

并不是说不可以放松和娱乐，但客观地说，很多人的自律性真的很差，他们没办法管住自己，游戏一玩就是半天，电视剧一追就熬到半夜，完全没有节制。

这才是真正可怕、致命的。

这个世界上有不公平的地方，但也有一个最大的公平，那就是努力的人往往会比不努力的人过得好。

一个沉迷于娱乐、在喝酒打牌这些事情上浪费太多时间和精力的人不可能拥有越来越好的人生。

03 不会将时间浪费在无聊的人和事上

我曾经看过这样一个小故事。

有两个人吵个不停，一个人说 3×8=24，另一个人说

3×8=21，吵了半天都没有结果，只好来到县衙请县令评判。

县令听完后，吩咐左右，把说3×8=24的那个人拖出去打二十大板。

这个人十分不满，很委屈地问县令："明明他是错的啊，为什么您却要打我呢？"

县令说："你跟一个说3×8=21的人能吵上半天，不打你打谁？"

这个小故事想要告诉我们的是：不要将时间和精力浪费在一些无聊的人和事上，否则就会显得很愚蠢。

与无聊的人和事纠缠没有任何意义与价值，不管最终结果是输还是赢，其实最后输的都是你，因为耗费的时间和精力是没办法找回来的。

每个人的时间都是有限的，你在无聊的人和事上耗费了精力，在真正有意义的事情上势必会少了很多投入。

你的时间花在哪里，你的收获就在哪里，成就就在哪里。

我希望这句话能引起大家的思考。

你所惊叹的自律，不过是别人的习惯而已

周六晚上，我和朋友去家附近的健身中心打了一场羽毛球。中间休息的时候，我和一个身材健美的中年大叔聊了会儿天。之前，我们进行了一场双打比赛，他表现得很出色。

他说："你的耐力不错。"

我笑着说："哪有啊，现在真的不比以前了，上大学那会儿，打上半天篮球都不会感到累，现在打一个小时就感觉不行了。"

我见他身材保持得不错，就问他是不是天天都过来锻炼。

他告诉我，基本上每个星期会过来四五次，跑步、游泳、打羽毛球、骑动感单车，什么都玩，而且这样的状态已经持续好几年了。

我发自内心地惊叹："厉害，你也太自律了。"

这位大叔接下来的一句话让我后来越品越觉得有味道。

他说："也谈不上什么自律，就是已经习惯了，哪天要是不来运动运动，就感觉浑身不舒服。"

当很多人发誓要健身、要减肥，却总是难以坚持下去的时候，有人却将常年的坚持说得如此轻描淡写。

这让我想起一位熟识的朋友曾经说过的一句话："你所惊叹不已的自律，其实只不过是别人的一个日常习惯而已。"

我突然对这句话有了更深一层的理解，这或许也是人与人之间存在差距的关键原因之一吧。

真正优秀的人，往往都能做到持续努力，将自律变成习惯；而平庸的人却往往在持续地混日子，将自律视为不可逾越的高山，常常为获得一点小成绩而沾沾自喜。

01 为什么有人可以将自律变成习惯

有人说，自律的人生是很爽的。德国哲学家康德说："自律的人生才自由。"

这些话其实要辩证地看，爽也好，自由也罢，这些其实都是后话，只有真正将自律变成一种习惯，才会有这样的体验。

但是，在形成自律的早期，感受往往是比较痛苦的，也正因为这样，自律才会让很多人望而却步。

一个很有意思的问题是，为什么有些人能熬过形成自律的初始阶段，将自律变成一种习惯呢？

我认为有三个原因。

1. 被逼无奈，没有退路了

我在打羽毛球时遇到的这位中年大叔今年已经55岁了，他之所以在健身方面如此自律，基本天天都来运动，是因为背后有一段故事。

在40岁那年，他生了一场大病，经过大半年的治疗才得以痊愈，后来没过两年又复发，断断续续折腾了好几年。

此后，他决定要多运动，先是在自家小区楼下慢跑，之后逐渐发展到去健身中心锻炼。

坦白地说，很多人在一些事情上之所以表现得很自律，往往是因为没有办法了，实在是被逼无奈，不得不做。

比如，不管天气有多恶劣，外面有多冷，下了多大的雨，我们每天早上都会按时上班。如此自律的背后，其实是你不得不去上班。

换句话说，有时候我们不够自律的很重要的一个原因是，我们还有很多退路，没有被逼到一定的程度，所以才做不到全力以赴。

2. 心中有明确的目标，意愿强烈

如果说第一个原因是被动地将自律变成习惯，那么第二个原因就是主观意愿导致的结果了。

有些人之所以高度自律，能管住自己，说看书就看书，绝不玩手机，说减肥就能做到每天坚持跑步，能在美食面前管住嘴，

原因就在于他们心中有着一个非常明确的目标，而且实现这个目标的意愿很强烈。

人的潜力是巨大的，只要心里有了目标，认真起来，就有可能实现绝大部分目标。

有人可能会问：我也有目标，但为什么还是不够自律呢？

原因可能就是意愿还不够强烈。

俗话说："有志者立长志，无志者常立志。"不管是有志的人还是无志的人，立目标其实很容易，意愿到底有多强烈往往决定了最终的成败。

3. 真正见过世面，认知水平高

目标明确、有强烈意愿向上走的人，到底是如何修炼的呢？

这就是我要说的第三个原因——认知水平高。

所谓认知水平高，其实就是看问题更立体、全面、透彻。认知水平越高的人，往往意志力越强，认准了一个目标就坚定不移。

一个人提高认知水平的常用手段有两种，一是看世界，二是阅读。其实，这就是我们通常所说的"见世面"。

一个不争的事实是，真正见过世面的人，在自我管理方面往往都做得不错。

比如，经常吃各种美食的人，在美食面前通常会比那些没怎么吃过美食的人更自律。拥有过、见识过，往往就不会太想得到了。

实际上，这三个原因是一环套一环、一层接着一层的。你目前在哪一层，属于什么阶段，是一个需要静下心来思考的问题。

02 将自律变成习惯，人生就会无比精彩

在央视的《开讲啦》节目中，武汉大学校长周叶中先生说过这样一句话："人与人之间最小的差距来自智商，最大的差距来自坚持。"

坚持是什么？

坚持的本质就是自律。

当你早上不想起床的时候，你能坚持起床；当你迟迟不想放下手机睡觉时，你能坚持早睡；当你想要放下书本时，你能选择坚持看下去，这就是高度自律的表现。

很多事情，如果你能坚持做下去，你最终往往就能获得成功。

换句话说，一个人若能高度自律，将自律变成一种习惯，他的人生就会无比精彩，就能所向披靡。

那么，如何才能将自律变成习惯呢？

我分享三个观点。

1. 提高认知水平，明确目标

很多精彩的人生往往发生在顿悟之后。

比如，在学生时代，一些人成绩并不好，吊儿郎当的，但在经历了一件事情之后，比如看了一本让其热血沸腾的书，听了一句触动心灵的话，突然就像变了一个人，开始发奋图强。

这样的转变，其实就源于认知水平的提升。认知水平提高了，你的视野就会更加开阔，眼光就会更加长远，当然也会更容易找到目标。

要想真正变得自律，提高认知水平、明确目标就是第一步。只有打心底里想做好一件事，有了一个很清晰的方向，才会有强大的动力和执行力。

2. 列出待办事项清单，排除干扰

有时候，我们立的目标太大了，也太模糊了，不够具体，这会直接导致我们的行动力不足。

比如，你想减肥 20 斤，但最后不了了之，因为你的目标不够细化。你应该将这个大目标细分成几个小目标，想好一个月瘦多少斤，如何才能做到，每天需要做什么，然后一条一条地写下来。

我认为，每天将重要的待办事项列出来是很重要也很有必要的，这能在很大程度上帮助我们去执行。

此外，我们还应该尽量减少可能对执行产生负面影响的因素。比如，在看书的时候，你可以关闭手机；想早起的话，可以多设置几个闹钟。

影响执行的因素越少，其他选项越少，你就越能集中精力，心无旁骛地去做自己想做的事情。

3. 循序渐进，从小事开始做起

最后，我想说的是，凡事都有一个循序渐进的过程，任何习惯都不是一天就能养成的，自律更是如此。

所以，我们要保持耐心，不要想着一蹴而就，也不要眼高手低，要试着从小事开始做起，一点点地改变自己。

当你在前行的路上战胜一个个小“怪物”，收获快乐和信心，发自内心地想要继续往下走时，你就有很大的希望战胜终点的大“怪物”，成为一个真正的强者。

这就是自律所带来的终极体验，当自律成为一种习惯，往往就是你人生变得无比精彩的时候。

所有惊艳的背后，是无数次死磕的苦练

俗话说："字如其人。"我觉得这句话有点不靠谱，特别是在看了朋友风哥的字以后。

风哥的长相属于粗犷派，他的性格也是如此，大大咧咧，直爽得很。但是，他写得一手好字，清秀隽永。

我曾调侃他："长相惊悚，写字惊艳，老天爷还是挺公平的。"

他回我道："公平？你可不知道我小时候为练字吃了多少苦！"

风哥的父亲是语文老师，对他的教育极其严格。小时候，风哥写完作业以后，还得写上一个小时的字帖，几乎天天如此。

提到风哥小时候练字这件事，我就想到昨天在图书馆里见到的一幕：周末，偌大的自习室里竟然坐满了看书、做题、办公的人。

图书馆里面坐满了考研的、考公务员的、考教师证的人，还有一些年轻的学生。因为最近时常去图书馆，所以我经常会遇到

这些努力备考的人。

有时候，真的不得不感慨：成功哪有什么捷径，所有惊艳的背后，其实就是无数次与自己死磕的苦练罢了。

一次不行就两次，两次不行就三次，三次不行就三十次，坚持不懈，直到成功为止。

坦白地说，缺乏死磕精神正是不少人无法取得突破的主要原因。

01 三分钟热度的间歇性努力

很多人应该都听过这样一句戏谑的话：“间歇性踌躇满志，持续性混吃等死。”

这句话之所以在网上流传甚广，最主要的原因就是，这是现在很多人最真实的模样，最传神的写照。

说来惭愧，在一些事情上，我也是如此。

前一段时间，我发誓要减肥，希望能找回几年前六块腹肌的身材。

于是，我和一位常年健身的好友约好一起锻炼，每天早上绕着体育公园的湖边弯路跑 5 公里，再做一些其他的训练。

刚开始的几天，我坚持下来了，感觉也挺不错，但也就坚持了那几天而已。后来我就慢慢地放弃了，“减肥大业”彻底泡汤。

实际上，很多事情最后没有做成，在绝大多数情况下都是因为这种间歇性的努力或者说三分钟热度所导致的。

有些人在心血来潮时买了一堆书回来，但也仅仅是买回来而已，往往连塑封都不会拆开。

有些人在冲动之下办了健身房的年卡，幻想着自己马上就能拥有令人惊艳的身材，但结果却依然是胖得可爱。

有人在年初立下各种目标，比如，今年要考下来某某证书，要熟练地掌握某种办公软件，要存多少钱……但结果却是什么都没实现。

原因在哪里？

原因就在于无法坚持，没有死磕到底的精神，遇到一点困难和挫折就立马掉头，太容易放弃。

直白地说，在某些事情上，我们确实太不努力了，不堪一击，而正是这种不堪一击才让我们日益平庸，无法成事。

减肥如此，以小见大，诸事皆如此！

02 所有惊艳的背后，是死磕的苦练

2019 年暑期档上映的国产动画电影《哪吒之魔童降世》上映仅 1 小时 29 分，票房就突破了 1 亿元，创下了国产动画电影票房最快破亿元纪录；上映第二天单日票房破 2 亿元，成为我国电影史上首部单日票房破 2 亿元的动画电影。

凭借良好的口碑，《哪吒之魔童降世》一路过关斩将，所向

披靡，最终以 50.36 亿元的票房成绩在总票房排行榜上位列第二，仅次于《战狼 2》。

可以说，《哪吒之魔童降世》是 2019 年电影界最大的一匹黑马，着实地惊艳了全世界。

那么，这部国产动画的新巅峰是如何炼成的呢？

下面讲几个细节。

虽然是一部动画电影，但《哪吒之魔童降世》的受众里面有一大批成年人，他们之所以看一部动画电影还能看得泪流满面、感慨万千，是因为这部电影无论故事情节还是台词、包袱，都足够出彩。

一句“我命由我不由天”更是在网上刷屏，让很多人看到了努力与命运抗争的自己。

据报道，导演饺子写《哪吒之魔童降世》的剧本花了两年时间，改了多达 66 版。这让我想到了另一位导演王家卫，他也是一遍遍地改台词，不断死磕，所以他的电影拍摄周期都很长。十年磨一剑，但一旦剑出鞘，必定惊艳天下。

第二个细节是哪吒的造型设计。

这部电影中哪吒的形象让人非常意外，说得直接一点就是有点邪邪的、坏坏的，甚至有些丑。

饺子听到网友说哪吒的形象不好看时，却笑称这不是最丑的，因为初期设计的众多版本里还有比这更丑的。

饺子说："其实也没那么丑，我的设计稿里有丑到让你尖叫的，选这个还是照顾到大家的审美的。我们设计了超过 100 版哪吒，不同的方向，萌的、乖的、可爱的、美型的……"

为一个形象设计 100 多个版本，就凭这种死磕精神、这种对细节的追求，最后的结果也不可能是哪吒的形象设计不被大众喜欢。

一些人的成功，看似偶然，实则是必然的。那些能做到不断与自己较劲、不断死磕的人，往往都是有很大机会成功的。

经常有人感慨，浮躁的人太多了，他们总是追求速成和捷径，而耐得住寂寞、脚踏实地的人太少了。

我想说的是，要想人前惊艳，必要人后苦练。只有苦干实干、刻意练习，才能成事。

五个自我管理的好习惯，请逼自己养成

《习惯的力量》一书中有这样的描述：很多人可能都认为，我们每天做的大部分选择都是深思熟虑的结果，但其实并非如此。人每天的活动中，有超过 40% 是习惯的产物，而不是自己主动的决定。

仔细想想，确实如此。

我们每天的很多行为真的是受习惯支配的，完全就是下意识的行为，是不需要思考的。

比如，上班走哪条路，什么时间吃饭，到公司之后是先和同事聊天还是直接开始工作……

一个行为重复的次数多了，就会变成习惯，而习惯慢慢形成了我们的性格——也许是懒散松弛的，也许是雷厉风行的，而这些习惯最后又决定了我们的人生。

这让我想起了乔布斯说过的一句话：“在你生命的最初 30 年里，你养成了习惯；在你生命的最后 30 年里，你的习惯决定

了你。”

而王尔德说的就更有哲学味道了，他说：“起先是我们造成习惯，后来是习惯造成我们。”

我想说的是，其实我们完全有机会拥有另外一种人生，前提就是改变日常习惯。

我认为，要想变得更好，需要养成下面的五个习惯。

01 管理好时间

有人说：“如何过一天，就如何过一生。”

一个人的时间花在哪里，成就就在哪里，往往就会成为什么样的人。

如果你把时间用在自我提升上，投入到工作中，你就会比别人优秀；如果你在阅读上投入很多时间和精力，你就会比别人学识渊博……

当然，如果你将大量的时间都花在了吃喝玩乐上，你最终很可能会一事无成。

所以，我们需要养成的第一个好习惯就是管理好时间。

所谓管理好时间，其实就是要合理地分配时间，将时间花在真正有意义和价值的事情上。

比如，给自己安排每天一小时的阅读时间，或者花两小时提升某项技能，如学一门外语、学一个设计软件等。

很多人之所以一事无成，就是因为在娱乐方面浪费了太多的时间，沉迷于游戏和追剧。并不是说不可以玩游戏，但一定要懂得适可而止。

管理好时间，往往就能拥有一个向上、有趣的人生。

02 不熬夜，早睡早起

我们都知道健康是无价的，也都知道熬夜伤身，但很多人经常熬夜，尤其是年轻人。

尽管如此，我觉得仍有必要把这一点提出来，毕竟健康的身体才是最重要的，好好活着才是头等大事。

所以，我们需要养成的第二个习惯就是不熬夜，早睡早起。

一是为了健康，二是为了成长。

很多人其实都是有志向和目标的，但最终未能实现，迟迟无法开始行动，这往往和糟糕的作息有不小的关系。

俗话说："一年之计在于春，一日之计在于晨。"

虽然每个人每天只有 24 小时，但早起的人通常比别人拥有更多的有效时间，做事更加高效，每天更加充实。不过，要想做到早起，首先要做到不熬夜。

晚上 10 点前就去睡觉，远离手机等一切电子产品，努力做到不熬夜，第二天就可以早起，接下来一整天的状态就会非常好，就有更多的体力、精力去做一些有意义的事情。

如此良性循环下去，长期坚持，人生定将是另外一番模样。

03 列出待办事项清单

为什么有些人的工作效率很高，而且让别人觉得他很靠谱，交给他做的事情绝对不会出错，而有些人工作效率却很低，还特别容易丢三落四、小错不断呢？

差别可能在于他们的目标感不一样，前者目标感很强，非常有条理，而后者没有什么目标感，脑子里面一团混乱。

当然，这也和能力、性格有一定的关系。不过，我认为这个问题是有办法改善的，也就是说，后者是有机会变成前者的。

我们需要养成的第三个习惯就是每天列出待办事项清单，最好按照轻重缓急排出优先级。

这样做的好处有三个：一是可以让我们做事更有条理，更加高效；二是可以尽量避免拖延；三是可以训练我们的统筹管理能力。

当天的事，一定要当天做完，别往明天推。如果你能做到这一点，你的人生肯定会一天一天地好起来。

04 坚持阅读

从《朗读者》到《诗词大会》，再到《主持人大赛》，董卿一次次以她无与伦比的才情让人叹为观止。

有人不禁感慨：一个人怎么可以优秀成这样？

董卿曾在接受《环球人物》采访时说，她一直保持着每天睡觉之前阅读一小时的习惯，这个习惯几乎是雷打不动的。

关于阅读的意义，她是这样说的："我始终相信，读过的所有书都不会白读，它总会在未来日子的某一个场合帮助我表现得更出色。读书是可以给人力量的，它更能给人快乐。"

所以，我认为我们需要养成的第四个习惯就是坚持阅读。

长期坚持阅读，汲取有价值的信息和知识，可以让我们在事业上更容易取得成功。正如董卿所言，这些信息和知识总会在未来日子的某一个场合帮助我们表现得更出色。

此外，阅读可以让我们的精神世界免于荒芜，可以让我们以一种更好的心境和精神面貌去面对这个世界。

一个长期坚持阅读的人，哪怕在事业上没有太大的成就，但他的内心一定是幸福的。

05 时常反思

在我看来，有句老话说得非常好："静坐常思己过，闲谈莫论人非。"

与人闲谈的时候，不要随意评论他人、议论别人的是是非非；等到自己一个人静下来的时候，就要经常反思自己的过失。

不议论别人是一种修养，更是一种智慧，这种习惯可以帮助我们免去很多的麻烦；而时常反思自己则是一种修行，它可以让我们变得更好。

我们需要养成的第五个习惯就是时常反思自己。

人非圣贤，孰能无过。我们要勇于面对不完美的自己。犯错不是最可怕的，真正可怕的是知错不改，在错误的道路上越走越远。

我有一个小建议：每天晚上临睡前，花上几分钟时间对当天进行复盘，看看自己在哪些地方做得不好，思考更好的处理方法。

不要小看这个小习惯，长期坚持下去，定会让你受益良多。

马克·吐温说："习惯就是习惯，谁也不能将其扔出窗外，只能一步一步地引它下楼。"

任何好习惯的养成、任何坏习惯的改善都需要一步步来，都需要慢慢引导，所以请多一点耐心，也多一点坚持。

人生就是一场修行，我们能收获什么样的人生，就看我们播种了什么样的习惯在自己身上。

要想在未来遇到一个更好的自己，请逼着自己努力养成这五个习惯。

第三章

如果你已经 30 岁，请学着现实一点

让一个人越活越有价值的四种能力

我曾在文章中写过，一个人 10 年后的人生并不是不能预测的，因为它和当前的状态是挂钩的。

简而言之，当下决定未来。

对于未来，我们自然希望自己可以变得越来越好，越来越有价值，整个人生是向上走的。但是，很多事情不是光想想就可以实现的，还得具备实实在在的能力，否则就是在做梦。

那么，一个人要想越活越有价值，需要具备哪些能力呢？

我认为需要四种能力。

01 学习能力

要想越活越有价值，需要具备的第一种能力就是学习能力。

查理·芒格说："我这辈子遇到的聪明人没有不每天阅读的，一个都没有。"

他的言外之意是，所有优秀的人没有一天不在努力成长，哪怕他再聪明，也很注重自身的成长，而保持成长最好的方法就是学习。

学习能力对人生来说到底有多重要呢？

我们可以从两个方面来看。

1. 你不学习，就很可能被淘汰

一个人如果没有学习能力，就无法保证持续成长，别说往更高的地方走了，就连现在的位置都很难保住。

很多中年职场人的悲剧其实就是这么来的。他们总以为可以在当前的位置上一直待下去，却不知道这个世界的变化实在太快了，快到你必须努力奔跑，才能保证自己不会掉队。

所以，保持学习和成长，不断地强化和优化自己，对今天的人来讲，既是一生的课题，也是最低、最基础的要求。

2. 学习是普通人最好的底牌

多年以后，你会发现，那些越活越有价值的人往往都能做到持续学习。

而更有意思的是，这些人的资质通常并不出众，曾经是最不起眼、最普通的一类人。

这就是持续学习的力量，它可以让一个出身普通、资历平凡的人有机会完成人生的逆袭。

所以，不管从什么角度来看，学习能力都是一个希望自己越活越有价值的人应该具备的，如果没有这种能力，未来往往就失去了可能性。

02 拓展社会关系的能力

要想越活越有价值，需要具备的第二种能力是拓展社会关系的能力。

这件事情有多重要呢？

我也说两点。

1. 靠近优秀的人可以加快自己的成长

俗话说："物以类聚，人以群分。"

你是什么样的人，就会进入什么样的圈子。强者的圈子里多半都是强者，弱者所结交的人多半都是弱者。

有人说："圈子不同别硬融。"这句话也有一定的道理，但这并不意味着我们不可以经营和维护社会关系。

实际上，社会关系是可以经营的，拓展社会关系的能力可以加快自己成长的速度，让我们变得越来越有价值。

2. 社会关系很有价值

在职场中流传着这样一种说法："20 多岁靠努力，30 多岁靠实力，40 多岁靠资历。"

资历的字面意思是一个人的资格和经历，其中很重要的一部分就是社会关系。

身处现实社会，每个人身上都有各种各样的社会关系，从某个角度来看，社会关系是很有价值的东西。

一个人的社会关系越广、越强，往往就拥有越多的资源和机会，走起来就会比别人轻松一些，做起事情来就能事半功倍。

这虽然听起来有些“油腻”，但不得不说这就是现实。

很多时候，决定你是否有价值的不仅仅是你自己，还有你认识谁。

03 让自己静下来的能力

要想越活越有价值，需要具备的第三种能力就是让自己静下来的能力。

我经常说，如今这个世界运转得太快了，快到让人没法慢下来好好看一本书，好好思考一些问题，快到不少人觉得厚积薄发是笨人才会去做的事。

很显然，这样的认知很可能会让我们摔得遍体鳞伤，撞得头破血流。

很多人之所以越活越不值钱，人生之路越走越向下，原因就是太浮躁了，心无法静下来。

一个人的心静不下来，就没办法专注于成长，就会急功近利，思考能力和判断力都会随之弱化。

这样的人，自然会走得很辛苦，越折腾越苦。

很多时候，最终一事无成的人往往欲望太多，一心想要成大事的人反而愿意从小事做起。专注地做一件事的人往往最终能做成很多事。

实际上，越是身处浮躁的时代，让自己静下来的能力就越重要。只有懂得沉淀和专注、懂得思考的人才能拥有未来，才能真正地越来越有价值。

有格局的人，专注于当下，但志在未来。

04 管理能力

要想越活越有价值，需要具备的第四种能力就是管理能力。

这里所说的管理能力，准确地说，是指处理人际关系的能力，也就是你与各种人打交道的能力。

与比自己位置高的人打交道，叫向上管理，比如上司、长辈；与比自己位置低的人打交道，叫向下管理，比如下属、孩子；与位置和自己差不多的人相处，叫平行管理，比如同事、朋友。

管理这些关系的能力，考验着一个人的情商、沟通水平、心智成熟度，而这些最后将会决定我们在多年以后能达到什么样的高度，将拥有什么样的人生。

举一个很简单的例子。在职场中，向上管理能力强的人，也就是一个善于和上司打交道的人，往往比较容易得到提拔。

这一点是毋庸置疑的，至于如何与上司打交道，那就是另外一个话题了，总之绝对不是拍马屁。

“我能很好地处理各个方面的人际关系吗？”

你现在就可以问自己这个问题。如果你不能，那么我希望你在专注于自身专业能力发展的同时，也要刻意去培养这个方面的能力。

越活越有价值并不是一件容易的事情，但肯定是一件值得去付出努力的事情，因为它不仅关乎生活的质量，也关乎人生的质感。

以为钱很好赚，是人生最大的错觉之一

今天谈一个看起来很俗气的话题：钱到底好不好赚？

如果只看自己，那确实是挺难的，但如果抬头看看别人，看看那些做直播没多久就买房买车的人，看看那些天天在外面旅游的微商，还有那些身家动辄上亿元的名人们，又感觉钱似乎很好赚。

有一天晚上，一位朋友在群里发了一张截图，截图内容是他们市里的一家饭店开始在朋友圈里卖卤味了，店员在各种群里发广告，使劲吆喝。

朋友说，这家饭店在他们市里开了十几家分店，生意特别好，平时去吃饭都要拿桌号排上好久，如今却在朋友圈里卖卤味，真是太不可思议了。

听他的意思，这家饭店卖卤味是放下身段，这在平时是不可能的。

实际上，与其说是放下身段，倒不如说是迫不得已，疫情对

餐饮业的冲击太大了，再不想办法增加营业额，老板们都要崩溃了。

这件事让我挺有感触的，我联想到了西贝董事长的那句话——“我们账上的钱撑不了三个月”。老乡鸡的董事长则拍了一段视频，直言疫情带来的损失保守估计也有5亿元，这段视频在网上引起了很多人的围观。

这说明了什么呢?

这说明了钱真的很难赚，一次突发的疫情，在短短几个月的时间里，就足以将很多大老板逼入绝境。

以为钱很好赚，这是很多人最大的错觉。

我认为，如果你想要赚到钱，就要做到最基本的两点。

01 付出超乎常人的努力

最近看到一句话：“你想过普通的生活，就会遇到普通的挫折；你想过上最好的生活，就一定会遇上最大的伤害。”

显而易见，万事万物都有两面性，如果你想过上最好的生活，想赚到很多钱，在财富上领先于大多数人，那么你需要付出的努力和代价，将会遇到的困难和所承受的压力，通常也是要超过大多数人的。

我相信，如今很少有年轻人不知道李佳琦的名字，哪怕是一些中老年人，对这个有着“口红一哥”之称的男人也是有所耳闻的，甚至还可能是他的粉丝。

据媒体报道，曾经只是一个普通的化妆品柜台销售员的李佳琦，如今靠做网络直播年收入高达几千万，这是一个普通人连做梦都不太敢想的收入水平。

他现在所结交的朋友都是各路名人，很多知名演艺人士成了他直播间的座上宾，这完全颠覆了外界对主播的刻板印象。

有些人认为做直播赚钱太容易了，甚至有一些初中生、高中生的梦想是以后成为一名主播。

无论这个世界如何变化，有些事情、有些道理是亘古不变的。比如，赚钱和成名这两件事，从来都是不简单的。

李佳琦为什么会如此成功？

他在接受采访时曾经说过，他抛弃了很多，才得到了很多。

在做直播的这几年里，李佳琦几乎没有自己的私人生活，没有朋友间隔三差五的小聚，除了吃饭、睡觉就是无休止的工作，像极了一台机器，身边围绕的人都是同事，都是工作伙伴。

由于担心“掉粉”，哪怕已经发烧一个星期，他也要每天坚持做直播，因为不保持较高的更新频率，粉丝可能就不关注他了。

凌晨两点才结束直播，四五点睡下，早上八九点又要起来化妆，开始新一天的工作。更可怕的是，不是一天两天如此，而是几乎每天如此。

一场两小时的直播下来，最多的时候他要在自己的嘴巴上试涂 380 多支口红，他的嘴巴已经不是自己的了。

这样的生活和付出，有多少人可以承受？

别说什么“给我那么多钱，我也能做到”，这种话太幼稚了，因为很多时候你只有先做到这样的付出，才有可能得到这样的结果。

成千上万的人做主播，但最后能火的也就只有那些人。

实际上，任何一个行业都不是那么容易出人头地的，你唯有努力、努力、再努力，比别人付出更多，才可能有机会。

02 抬头看路，与时俱进

努力很重要，也是成功最不可或缺的因素之一，但努力往往只是一个基础罢了。

要想赚到很多钱，取得不俗的成就，你还得有足够的运气，有不错的机遇，选对方向，否则纵使你再怎么努力，付出再多，也难以得到想要的结果。

比如，你即使比李佳琦还拼命、还努力，做一次直播就试涂 760 支口红，也难以复制他那样的奇迹，原因很简单，努力并不一定能成事。

我经常说，在这个时代，光埋头努力是远远不够的，还要知道抬头看路，要让自己的努力更有价值。

那么，抬头看路要看什么呢?

看方向，看趋势，看风口。

淘宝的出现，成就了一批人；微博、微信公众号的兴起，也成就了一批人；短视频、直播带货的普及，同样也改变了一批人的命运。

这些新兴产业的出现断了一些行业的生路，淘汰了一批人。也许你没有觉察到，因为你的生活离他们太远，但有些人可能已经被历史的车轮碾过。

这就是这个时代的特色，迭代更新的速度极快，淘汰也更加没有边界。那些将你逼入绝境的，往往不是平日里熟知的同行，而是一些八竿子都打不着的人。

所以，你唯有紧跟时代的脚步，与时俱进，眼观六路，耳听八方，才有可能发现风口，吃到红利，赚到相对来说比较容易赚的钱。

送给大家一句话：绝大多数人是因为看见而相信，只有少数人是因为相信而看见。

这句话说起来容易，但真正操作起来是非常难的，因为你需要翻越太多认知上的高墙，要突破和放弃太多的东西。

而且，就算你发现了风口，找对了方向，也不一定能成功，你还得有非凡的勇气和魄力，要有坚强的意志，要有说干就干的行动力，以及延迟满足的远见和格局。

总之，在任何时候、任何行业，赚钱都是不容易的，别轻易地被一些表象所迷惑，失去自己的判断。

请好好努力，聪明地努力！

真正会花钱的人，最后都能挣到大钱

有人认为，挣钱是能力，花钱是本能。

我认为，事实并非如此，能花钱和会花钱完全不是一回事。

而且，花钱也从来不是一件简单的事，特别是在囊中羞涩的情况下。

工作这么多年，我深刻地领悟到一个道理：真正会花钱的人，最后往往都能因此而挣到更多的钱。

如何判断一个人会不会花钱？

我认为可以从三个方面评判。

01 会花钱的人知道用钱换时间

是否真的会花钱有一个很重要的评判标准，那就是知道不知道用钱换时间。

一寸光阴一寸金，寸金难买寸光阴。人们都知道金子贵，也格外珍惜金子，但对待时间却总是那么随意、漫不经心。

真正会花钱的人，一定知道用钱换时间的道理。

我讲一下我表哥租房的故事。

他在月薪 8000 元时，房租是每个月 2000 元。后来，他换了工作，去了一个更大的城市发展，月薪高达 2 万元以上，却仍然租每个月 2000 元的房子，空间不大，有些逼仄。

我调侃他："人果然是越有钱就越抠门，对自己也抠上了。"

他笑着说："我一个人住那么好干什么？"

实际上，表哥租房的要求只有一条：离公司近，上班方便。

因为离公司近，步行上班仅需十几分钟，他每天的作息时间和那些住得比较远的同事是不同的。

别人早早起床，忙着赶公交、挤地铁；他早上起来先去楼下跑两圈，然后从容地吃早饭，回去洗澡，精神饱满地去上班。

在这两种状态下，人的精气神乃至工作效率都是不同的。

晚上下班，他也不急着回去，一般都会主动留下来加班，有时也会去附近的一家健身馆锻炼，还因此结交了几个朋友。

房子离公司近，一年下来，他确实需要多花一些钱，这也是一笔不小的开支，但他得到的反而更多——他是他们公司那一批年轻人里晋升速度最快的。

试想，哪个老板不愿意提拔一个上班从来不迟到，工作能力也不错，下班还愿意加班的员工呢？

客观地讲，很多事情并不值得花很多的精力和时间，而且每个人的精力都是有限的，可以自由支配的时间也是有限的。

把有限的时间用来做更有价值的事，把时间用在刀刃上，这种思维方式会让你的付出产生更多的价值。

02 会花钱的人舍得花钱投资自己

很多人总是抱怨工资不高，挣不到钱。

实际上，我特别想问他们两个问题：为什么别人能挣到钱，而你却不能？你创造了多大的价值，凭什么认为自己应该拿高薪？

太多太多的人，只看到自己工资涨得太慢，却很少反思自己到底配不配得上高薪。

说白了，薪资不高、挣不到钱的人，往往受制于能力，因为他们自身的价值不高。

有一句话是这样说的："想挣钱，先值钱。"

挣钱这件事就是如此，你要是真值钱，就不用担心挣不到钱；你能创造的价值越大，你得到的也就越多。

对成年人来说，价值提升通常有两种方式，一是自学，二是取经。

人的时间和精力都是有限的，所以很多东西靠自己在那里埋头摸索是不现实的。

怎么办呢？

很简单，花钱啊。

想说一口流利的英语，就花钱请专业的老师教自己；想学好某个办公软件，就去购买相关的书或者课程……

有人说，我为什么要花这个冤枉钱，网上的教程一搜一大堆，自己慢慢整理就好了。

请相信这句话：专业的事，要交给专业的人。

你自学一个月的成果，往往还不如拜师一天学到的多。

真正会花钱的人在投资自己的能力、价值时是绝对不会手软的，因为投资自己是永远不会亏本的。

而且，也只有先投资自己，才有可能获得回报。

03 会花钱的人不占便宜、不丢面子

不是所有的努力，最终都会见到成果，所以我从不否认社交和形象对一个成年人的重要性。

如果你想要挣到钱，就不能只是埋头努力，有价值的社交、得体的自我包装也是有必要的。

社交无非看两点，一是价值，二是人品。

关于价值，之前已经讲过，真正会花钱的人、有格局的人，不会在投资自己这件事上缩手缩脚。

而人品往往也和钱挂钩，因为在金钱面前，一个人的人品如何往往很容易看出来。

不管在什么地方、什么时代，没有人喜欢和爱占小便宜的人

交往。

有些人和朋友出去吃饭，从来不主动埋单，不管别人有钱还是没钱，这都是一件特别“败人品”的事情。

真正会花钱的人，可能在人后比较节俭，但在人前，他们不会表现出十分小气的样子，不会做出丢面子的事情。

千万不要误解我的意思，我不是让你打肿脸充胖子，而是希望你不要因为贪图小利而丢掉更重要的东西。

与人交往，内在的形象需要塑造，外在的形象同样需要包装。

杨澜说：“没人有义务透过你邋遢的外表去发现你优秀的内在。”

我认为，成年人应该给自己置办几件有质感的东西，比如衣服、鞋子、包、办公用品等，这是无可厚非的。

我并不是在鼓励奢侈消费，也不赞成盲目、无节制的超前消费，我只是希望你能明白：你不能要求这个世界不以貌取人，所以维持体面是必要的。

真正的精打细算，并不是在一些没实际价值的东西上计算如何省钱，而是知道要将钱花在刀刃上，花在真正有价值、有需要的地方。

花钱，从来都不是一件简单的事情。

工作 5 年，月薪 3000 元和月薪 3 万元，差距在哪里

工作几年以后，人与人之间的差距就会慢慢地显现出来，有人已经爬到了半山腰，有人还在山脚徘徊。

最明显的就是收入方面的差距：有些人在工作几年以后，收入比刚毕业那会儿有了质的飞跃，达到了月薪几万元的水平，甚至更高；有些人的收入则仍然停留在比较低的水平，工作几年以后的薪资待遇和刚毕业那会儿相差无几。

我相信，没有多少人甘于做后面这样的人，大部分人心里对高薪还是很憧憬和向往的，但梦想并不是靠憧憬就能实现的。

我们都知道，要想解决问题，首先要找到问题的根源。大家的起跑线是一样的，用时也一样，为什么人家就比你跑得远？原因在哪里？

这是一个值得思考的问题，也是获得高薪的第一步。

我认为，如果不考虑地域、行业、职业等客观因素造成的收入差异，与高薪者相比，低薪者往往在五个方面存在明显的区别。

01 努力的程度不够

我们都知道，选择往往比努力更重要，只有在做对选择的情况下，努力才会更有价值，才会真正开花结果。

道理确实如此，但我还是想要强调努力的重要性。

一个人工作几年以后，薪资水平仍然和刚毕业那会儿差不多，有很大的可能是，他努力的程度不够。

一件事情，明明有机会和能力做到80分，甚至90分，但他却只愿意做到70分或者65分，只要能过关就行。

明明知道从事某些工作可以拿到高薪，但考虑到辛苦程度，他便打起了退堂鼓。

说实话，没有人可以随随便便拿高薪，没有谁的钱是大风刮来的。你要想得到更多，就要比别人付出更多，就要更努力。

一个对待工作敷衍了事，上班浑水摸鱼，做点事情就怨声载道的人，有什么本钱和那些不怕辛苦、玩命努力的人竞争呢？

努力是优秀的根基，在任何行业、任何时代，莫不是如此。

02 自身的能力不行，不值钱

在职场中，什么样的人能拿到高薪呢？

答案是，值钱的人。

一个人是否值钱，最重要的一个衡量标准就是能力，也就是看这个人能创造多大的价值。

很多人在工作几年以后，收入水平还和刚毕业那会儿差不多，最主要的原因就是能力不行。

以我最近在看的综艺节目《令人心动的offer》为例，嘉宾岳律师透露，在律师这个行业，收入水平差距很大，有人月薪只有几千元，有人月薪高达几万元，有人则年收入达到了千万元级别。

实际上，任何行业都是如此，你的能力越强，价值也就越大，你的收入水平自然也越高。反之亦然！

职场就是如此现实，但从某个角度来说，这又是一种难得的公平：一切以实力说话，大家各凭本事。

03 不懂向上管理，不知道争取机会

有些人的工作态度没有问题，能力也不错，但就是缺少自信和主观能动性，不懂得向上管理。

这也是一些人收入水平不高的原因。

什么是向上管理呢？

我们都有这样的认知：老板是管理员工的。但是，很少有人知道，员工也是可以管理老板的，这就是所谓的向上管理。

阿里巴巴在纽约上市时，带了八个人敲钟，其中有一个快递员代表，此人名叫窦立国。

当窦立国还是一名普通快递员的时候，他的月收入已经高达

三四万元，但他意识到自己已经进入了瓶颈期，没有上升空间了。所以，他给老板写了一封信，毛遂自荐，看能不能让他管理一家分公司。

在信中，窦立国讲了关于提升业绩的一些想法和建议，最终老板决定让他管理一家分公司试试看。

结果，在窦立国接手后，这家分公司的业绩从所有分公司的倒数第二名变成了第一名，成了公司的金字招牌、年度冠军。

很多时候，机会是要靠自己主动争取的，老板也是肉眼凡胎，并没有孙悟空的火眼金睛。

还有一点，如果员工不主动，那么在老板看来，这个员工很可能根本没有向上走的意愿，即使老板原本想给员工机会，心里也会犯嘀咕。

在职场中，升职加薪是很多人的梦想，但很多人也只是想想而已，只有少部分人敢于去争取。

这种性格、思维上的差异，往往会造成巨大的差距。

04 不懂如何选择行业、职业、平台

每个城市的薪资水平、消费水平是不一样的。同样的道理，对于不同的行业、不同的职业或者不同的平台，薪资水平也会有天然的差距。

这是一个造成收入差距的非常客观的原因。

以销售工作为例，销售人员主要靠提成挣钱，如果开不了单，就只能拿底薪。不过，从整体上看，销售人员的收入水平相对来说还是比较高的。

再看看前台，不管是大公司还是小公司，前台的薪资都是相对低一些的，而且晋升的空间也很有限。

职业不同，收入水平自然不同。哪怕是同样的职业，不同的人的收入水平也会有明显的差距。仍以销售工作为例，同样是做销售的，卖的产品不同，收入水平自然不同。有人卖的是房子，有人卖的是汽车，有人卖的是化妆品，有人卖的是衣服……总体来说，房产销售人员的收入当然比较高。

我之所以讲这些，是希望大家能客观地看待一些问题，更重要的是，做出好的选择。

在这种情况下，选择就比努力重要多了。在有选择的情况下，你进入一个好的行业，进入一个好的平台，选择一个好的职业，你的收入就很可能会非常不错。

所以，不要总是故步自封，不要排斥新的事物，要对这个世界多一些了解，多学习，多见见世面，这有助于你做出更好的选择。

05 不懂如何改变收入方式

有些人收入高的主要原因是他们的收入更加多元化，渠道更多。

我见过不少“斜杠青年”，他们的收入来源不仅仅是主业，往往还有多个副业，甚至副业的收入比主业还高。

对于这一点，我不想展开来谈，毕竟每个人的情况都不一样，但我希望大家能有这样的认知：实现收入多元化的人更有机会解放自己，也能把更多的时间和精力用在提升自己上，因此也就有了创造更大价值的机会。

高收入并不是人生的终极追求，但坦白地说，靠自己的努力挣到钱当然不是什么坏事，而且对于绝大部分人来讲，这是一件必要的事。

我希望这五点能对你有所帮助，只要慢慢改变，一点点成长，哪怕你现在仍在山脚下，也一样可以走到更高的位置。

30 岁才开始努力，还来得及吗

最近收到一位读者的留言，大意如下。

前段时间，他看了我写的一篇关于一技之长的文章之后深有感触，再加上今年严峻的就业形势，心里真的很慌，生怕自己哪天突然就被扫地出门，万一真有这么一天，真的不知道接下来应该做什么。

所以，综合考虑之下，他还是打算学一点实用的技能傍身，目前的规划是学视频拍摄和剪辑，因为短视频在未来绝对会有大市场。

他的问题是："我现在已经 30 岁了，之前也没有接触过这个方面，现在开始认真学，还来得及吗？"

老实说，类似的问题，我已经听过好多次了。

有人想学英语，有人想学写作，有人想开公众号，还有人打算考公务员，总之，什么样的想法和计划都有，但最后总会来一句："我现在开始还来得及吗？"

我知道，很多人之所以这么问，其实只不过是希望听到一个肯定的回答，需要一些信心和鼓励罢了。

但我还是想聊聊这个问题。

01 人生中的很多事，并没有太多的选择

我现在才开始努力，还来得及吗？

对于这个问题，我想反问一句："除此之外，你还有更好的选择吗？"

对绝大多数人而言，恐怕是没有更好选择的，甚至根本就没得选。摆在他们面前的，往往只有两条路：一是继续这样过下去，但可以预见的是，他们一定会继续被生活痛击；二是从现在开始奋起努力，但并不知道结果会如何。

那么，到底应该如何选择呢？

答案是很明显的，除非你不介意就这么混下去，不介意自己一直拿着低收入，不介意家人过着为钱所困的生活，不介意那种一眼望到尽头的无趣人生，否则你只有走第二条路，根本没什么好犹豫的。

实际上，人生中有很多事情都是没有选择的，或者可供选择的选项很少，吃苦就是一个很好的例子。

没有多少人愿意吃学习的苦，也没有人愿意吃努力奋斗的苦，但往往你不吃这样的苦不行。

你今天不吃学习的苦，日后就很可能吃更多的苦，而且会越来越苦。更可怕的是，到时候哪怕付出极大的代价，也很难扭转局面。

所以，有些苦你非吃不可，还要尽早吃，越早越好。

人生中的很多道理都是相通的，只要想明白了，步伐就坚定了。

02 努力总归是有意义的

现在开始努力，到底来不来得及呢?

很多人之所以这么问，不光是想吃一颗定心丸，多多少少也希望能得到一个客观的回答。

那么，到底来不来得及呢?

这其实很难讲，只能说视具体的情况而定，而且还要看问这个问题的人到底想达到一个什么样的目标。

比如，一个人 60 岁了才开始学英语，到底来不来得及呢?如果只是掌握英语的听说读写，那应该还是来得及的；但如果希望学好英语以后靠这个挣钱，似乎又有点悬。

但有一点是肯定的，那就是绝大多数情况下，努力都是有正面意义的。换句话说，努力总比不努力要好，越努力，结果往往也就越好。

除此之外，我还有几点思考想与大家分享。

1. 不要在等待中沉沦，不要在犹豫中浪费时间

如果你真的想开始努力，想做一件事，那么只要这件事情是正面的、向上的，你就赶紧行动，不要犹豫不决。

有句话是这么说的："种一棵树最好的时间是十年前，其次是现在。"

认真思考、好好思量是应该的，但不要一直犹豫，不要总是在观望，迟迟不行动。

一直犹豫的结果就是，事情永远也不会有进展，很多机会往往都是这么溜走的。

2. 不要给自己设限，要相信自己的潜力

很多时候，打败我们的往往是我们自己。

在成长的路上，在奋斗的路上，不要轻易给自己设限，不要小看自己的能力，也不要因年龄、出身、性别、学历等条件而否定自己。

当你真正用心、努力地去行动时，你就会发现很多事情并没有想象中的那么困难，而且你也没有自己以为的那么脆弱、差劲。

相信自己，这是拥抱成功的前提。

3. 不要埋头努力，不要为了努力而努力

努力了却没有正面的效果，往往不是因为努力没有意义，而

是因为你的努力没有意义，因为你的方法、方向可能存在问题。

在前行的路上，不要只顾着埋头努力而忘记抬头看路，不要为了努力而努力，人很容易陷入自我感动的陷阱，而忘记努力的目的。

用时下的热门说法就是，很多人在用战术上的勤奋来掩饰战略上的懒惰。

懒得思考的努力和勤奋，往往都是在做无用功。

最后，再送大家两句话。

第一句话是：但行好事，莫问前程。

有了目标就去干，不要想太多，好好努力，活在当下，前面的路上自然有你想要的东西。

第二句话是：你所浪费的今天，是昨天死去的人所奢望的明天；你所厌恶的现在，是未来的你所回不去的曾经。

时光一去不复返，人生是耗不起的。

现在才开始还来得及吗？

你自己觉得呢？

30 岁之前，你必须具备的四种向上的能力

人与人之间的差距真的很大。

同样是人到中年，有些人事业有成，有些人却一事无成。

如此大的差距不是平白无故出现的，这在很大程度上取决于他们 10 年前的选择和行为。

如果你希望自己拥有一个成功的职业生涯，拥有一个向上走的人生，那么在 30 岁之前，你必须具备四种向上的能力。

向上生长，才有未来。

01 持续学习的能力是成长路上的关键

俗话说：“活到老，学到老。”

在成长的路上，最应该具备的一项能力就是持续学习的能力。只有保持高涨的求知欲，才能不断充实自己、强化自己。

这是一个人得以成长的关键。

对于学习，很多人刻板地认为学习就是上课、参加培训、阅

读，其实并非如此！

成年人的学习是没有固定形态的，不是只有看书、听课才叫学习，能让我们变得更好的行为，都可以称之为学习。

学习的最终目标是让我们有能力做一些之前不能做的事，掌握一些之前不知道的知识，让我们更有能力、更博学。

唯有如此成长，我们才更有能力面对日后的人生。

正所谓，艺多不压身。

一个人越有才华，拥有的技能越多，他获得的机会也就越多，越有选择的权利。

30 岁之前是一个人学习成长的黄金期，因为无论精力、体力还是学习能力、可塑性，都处于巅峰状态。

如果不想 30 岁以后吃很多苦，那么请你在 30 岁之前多吃一点学习的苦，务必抓住人生中的这段黄金岁月。

别在最好的年华里错过成长，这可能会让你抱憾终生！

02 独立思考的能力，内心富足，方向清晰

刘同说，谁的青春不迷茫。

年轻人迷茫是很普遍的现象，造成这种现象的原因有很多，每个人都有自己的苦恼。

有的人不知道自己应该干什么、能干什么；有的人站在十字路口，不知道脚该迈向哪一个方向；有的人对于遇到的事，想不

通、看不透……

告别迷茫最好的方法，其实就是独立思考，这是一个人走向优秀最基础的条件，也是 30 岁之前必须具备的能力之一。

为什么说 30 岁之前必须要具备独立思考的能力呢？

1. 关于人生方向

如果具备独立思考的能力，就可以知道自己真正想要什么、不想要什么，这能帮你做出最适合自己的选择，确定人生的方向，而不是误打误撞，或者有样学样，总是跟着别人的脚步。

方向对了，努力往往才有意义，也更有价值。

2. 关于成长

之前提到，我们有了持续学习的能力，才能有所成长，有成长才有未来。而成长的驱动力，往往来自独立思考的结果。

同样是年轻人，有些人能做到争分夺秒地学习，不玩游戏、不追剧，有些人的状态则完全相反，整天混日子。

两种人生的差距就在独立思考的能力不同，人的思维一旦打开，往往就会脱胎换骨、判若两人。

3. 关于处世

我想重点聊一聊合群和独处。

有些人总是混在人群里，很大的原因是他们缺少独立思考的能力，他们心中没有笃定的信念和方向，难以自如地面对独处的时光。

合群并非不好，但大多数人为了合群而进行的社交确实价值不高。

独立思考可以让我们的人生更富足，方向更清晰，步伐更坚定！

这项能力，在30岁之前必须要有！

03 敢于尝试的能力，打开局面，多些机会

从表面上看，30岁之前的人生是贫乏的，要存款没存款，要资源没资源，经验和阅历就更别提了。

这看起来很糟糕，什么都没有。

不要沮丧，这是很正常的，因为上面提到的这些东西都需要长期积累，不太可能一蹴而就。

从某个角度来讲，30岁之前的人生其实又是很富足的，因为年轻就意味着希望和机会。

敢于尝试和冒险的能力，是我认为30岁之前必须具备的第三种能力。这项能力往往能帮我们打开局面，多抓住一些机会。

不客气地讲，有些人的职业生涯注定不会有多出彩。

对于工作，我一贯的态度就是，没有必要从一而终，如果你真心觉得这份工作不适合自己，那就果断地离开。

易中天说："如果方向错了，停下来就是进步。"

及时止损就是进步，在 20 多岁的年纪，不要害怕去尝试一些事情，因为这是试错成本相对较低的一个时期。

树挪死，人挪活。

人生败于无脑的折腾，成于有价值的调整。当你感到方向不对时，请及时调整，局面往往就是这么打开的，机会也是这么来的。

04 自我激励的能力，坦然面对，永怀希望

年轻和老去是一个老生常谈的话题。

所有人都希望永葆青春，但很多人却在正值青春的年纪活成了老人。

一个人真正地老去，往往不是身体衰老，而是心如死灰，眼睛不再明亮且笃定。

我在和一些读者的交流中发现，很多人真的非常没有自信，年纪轻轻就认为自己这辈子已经没有机会了，就这样了。

如果一个人打心底里认为自己没机会了，那么他就真的没有机会了，因为即使机会就在眼前，他也看不到。

自我激励的能力能让一个人无论面对多么糟糕的处境，都能坦然面对、心怀希望，这种能力决定了 30 岁之后的人生的面貌。

实际上，这就是逆商、抗挫力，这也是如今很多年轻人急需具备的一项能力。

活在这个世界上并非易事，很好地活着则更不容易。但是，如果你拥有一颗坚不可摧的心，拥有强大的自愈能力、自我激励的能力，你就能走得顺畅一些，阻力小一点。

精彩的人生，虽然会有起伏，但整体上是往上走的，这四种能力就是我认为的向上的能力。

希望你能在年轻的时候就拥有这些能力，并且一直保持下去。

第四章

你想没想过自己为什么过得不好

执行力差，正在拖垮你的人生

转眼间，2020 年已经进入 6 月了，而 6 月也已经过半，在感慨时间过得太快的同时，很多人不得不面对另一个现实——计划落空。

在国内疫情最严峻的那段日子里，不少人只能在家里待着，当时我写过一篇文章《一个人是否优秀，看他这些天在家干了什么就知道了》。

在这篇文章里，我讲述了一位朋友的故事，他在假期里干了不少事：完整地读了三本书；对上一年的工作进行复盘，写了一份 5000 多字的总结；在网上买了一套摄影课程，在家里自学，拍了不少照片；每天给家人做饭，都是现学的；整理了一份新年的工作计划……

有的读者看完之后热血沸腾，直言自己今年有很多的计划和目标，一定要好好努力。

但结果如何呢？

昨天，我和一位当初放出豪言，说今年要读完10本书的读者聊天，问他已经看完了几本书，他很诚实地回答，一本都还没看完。

实际上，这不是个例，很多人都是如此，包括我自己。

我在年初列了一些计划，按当时设想的进度，如今应该已经完成一半了，但现实情况却是，至今还没开始呢。我很惭愧，也很懊悔。

所以，今天想聊两个关键词——拖延和执行力。

01 拖延，正在拖垮我们的人生

我曾经在其他文章里写过这样一句话："很多人其实并不迷茫，他们只是比较懒而已。"

什么是迷茫？

迷茫是指不知道应该怎么选择，不知道应该做什么，没有方向。

但实际上，很多人是没有选择障碍的，他们很清楚自己要走哪条路，应该做什么，甚至连怎么走都很清楚。

为此，他们能洋洋洒洒地列出很多有待实施的计划。

目标明确，计划又这般周详，最终却仍没有获得想要的结果，原因是什么呢？

答案是，努力的程度。

有目标和计划是一回事，但最终能不能实施，能不能做到，做到几分，就是另外一回事了。

坦白地说，很多人一事无成，往往就是败在拖延上，迟迟不去行动；即使行动了，也是一拖再拖，间歇性地努力，持续性地懒散。

举一个很简单的例子，上司宣布再过半年将会启动一个新的项目，有兴趣参与的人现在就可以做准备了，因为要事先掌握某项技能。

同事甲和同事乙都想升职，都知道这是一个机会，便在上司宣布之后，立即开始制定学习计划，为这个项目做准备。

但不同的是，两人的行动力差距甚大。

同事甲今天因为有一部喜欢的新剧更新，将学习计划推到了明天；明天又因为朋友喊吃饭，将学习计划推到了后天；后天又因为心情不好，不想学习了，继续往后推迟……

结果，好几个月的时间过去了，他仍然处于刚起步的阶段，进度非常缓慢。

而同事乙就不同了，他严格遵照既定计划，坚持每天完成学习计划，努力做到当日事当日毕。等到项目开始启动时，他已经做好了准备。

很明显，最终能在新项目中脱颖而出的那个人是同事乙，而同事甲很可能连参与的机会都没有。

人生中的很多事情其实都是这样的，拖着拖着，机会就没有了，拖着拖着，事情就黄了。

拖延如同一副慢性毒药，正在慢慢地拖垮我们的人生，而更加可怕的是，我们明明知道这件事，却又总是无动于衷、难以改变。

02 导致拖延的原因至少有三点

拖延毁人生，那么很多人为什么总是习惯性地拖延呢?

原因至少有三个。

第一个原因是懒散。

贪于吃喝玩乐，懒于努力奋斗，很多人之所以有计划但迟迟不行动，最主要的原因就是这个。

出去吃饭、喝酒、逛街、打牌，在家追剧、玩游戏，只要是玩乐，总能挤出时间来；但如果是看书、学习技能，就总是没时间，无限期地往后拖延。

说白了，这其实就是懒，典型的贪图安逸、好吃懒做。

第二个原因是畏难。

如果做一件事让我们感到舒服、没有压力，我们就会乐于去做，哪怕是工作，也是如此。

但如果要做的这件事让我们感到痛苦、不适，光想想就觉得不舒服，往往就会拖着不做。

趋利避害是人的一种天性，这种畏难情绪是很多人做事拖延的第二个原因。

向上的路总是挺难走的，总会让人感到不适。所以，在成长和努力的道路上，很多人都养成了拖延的毛病。

第三个原因是诱惑太多。

环境对一个人有很大的影响，有些人做事拖延、不够自律的主要原因是在他们所处的环境中诱惑实在太多了。

比如，手机里安装了太多的游戏、视频软件；比如，进入了一个整天吃喝玩乐的圈子，今天张三约吃饭，明天李四喊打牌……

如果没有这么多的诱惑，一个人在很大程度上是能提高自律性的。

董卿之所以能每天晚上坚持阅读一小时，不仅仅是因为她渴望阅读，阅读已成为一种习惯，还因为她为阅读创造了良好的环境——她的房间里没有任何电子产品，只有书。

断绝了诱惑，往往就能专注，就能克服拖延。

战胜拖延，变得自律、勤勉，这是人生路上最要紧的事情之一，因为唯有如此，我们才能真正变得优秀，做出一番成绩，遇见更好的人生。

为什么要努力工作？很多人的逻辑都是错的

人为什么要努力工作？

今天听到一个很不错的回答：我们之所以要努力工作，不是因为这份工作没你不行，而是因为这份工作没你也行。

虽然这句话说起来有些拗口，但如果你认真地品一品，就会发现值得玩味的地方。

很多人的工作态度是这样的：在一份工作中，如果自己扮演的角色不是很重要、可有可无，工作的时候就容易敷衍了事，不是很努力。

在他们看来，即使努力工作了，也没有多大的意义，反正自己只是一个小角色，不管干得好还是干得差，都无关痛痒。

顺着这样的逻辑，他们认为只有自己的位置比较高，扮演的是一个很重要的角色，才应该努力工作。

所以，我们会经常听到这样的声音：

我只是一个打工的，好不好关我什么事啊！

我又不是领导，操那份心干什么？

……

坦白地说，这个逻辑是很有问题的，很多人在事业上难有起色，往往就败在这样的思维上。

很多时候，越是没你也行的工作，你越应该努力。更准确地说，你必须要比别人更努力，因为你已经没有选择和退路了。

01 你不努力，就永远是没你也行

为什么说越是没你也行的工作，越要认真对待呢？

主要原因有两个。

1. 不努力，就难以打破没你也行的糟糕局面

在工作中，我们为什么会陷入没你也行的窘境呢？

说白了，就是因为我们没有展现自己的价值，没有让别人将你视为重要角色的理由。

职场是一个很现实的世界，你的价值越小，能力越弱，你的存在感就越低，你就越不会受到重视。

那么，我们应该如何打破这种糟糕的局面呢？

方法其实很简单，说简单是因为选择比较单一，只有一条路可以走，那就是好好地努力。

工作态度不行，那就改善自己的态度；工作能力不行，那就想办法提升自己的能力……

你只有这样努力，让自己具备更强的竞争力，让别人看到你的价值，才能真正改变没你也行的局面。

反过来，如果你总是一副得过且过、混日子的态度，你就很难改变这种糟糕的局面，会一直陷于没你也行的窘境。

2. 不努力，你就很容易被扫地出门

第二个原因就更直接、更现实了。

一个人如果在工作中处于没你也行的窘境，就意味着他身处危机之中，是随时有可能被扫地出门的。

这真的不是在贩卖焦虑，也不是杞人忧天，现实就是这么残酷。

时代已经不一样了，以前只要你不犯大错，往往是可以守着一份工作干一辈子的。

但在如今这个时代，能让你这样混一辈子的工作实在太少太少了。很多时候，你干得不好，很快就会被淘汰。

今天很多人之所以这么拼，往往就是缘于内心安全感的缺失，因为他们只有很努力很努力地工作，才能保住饭碗和目前拥有的一切。

所以说，人越是处于谷底，越是处于一个不起眼的位置，就越要努力，要比别人更努力才行。

02 好的人生，就是一点点向上生长

实际上，我能理解一些人为什么对工作总是一副得过且过的态度，因为他们看不到希望，而且认为努力也没有什么用。

很多时候，比困难重重的现实更可怕的是，一个人已经不再抱有希望，内心已经没有了光亮，漆黑一片。

这才是最糟糕的人生，也是前行路上最大的障碍。

那么，努力到底有没有用？

我认为是有用的，不管你现在处于一个多低的位置，只要你付出努力、保持耐心，就能一点点向上走、一点点变好。

很多光芒万丈的人生，其实都是这么一点点甩掉身上的铁锈，步步从谷底爬出来的。

一位“85后”读者给我讲了他的故事。他来自农村，在家里排行老三，家庭条件很一般，父母将他供到大学已经是他们能力的极限了。

大学毕业之后，他留在城市里发展，由于底子差，身边不少同事、朋友、同学都买房了，自己还一直在租房子，结婚后仍在租房。

但他并没有因此而放弃，反而更加努力，既然起跑时落后于别人，那就比别人更拼一些。

32岁那年，他终于攒够了首付款。不久之后，他又买了一辆车。

也许在不少人眼里，他如今所拥有的一切不过是“标配”，但对一些人来说，能拥有“标配”已实属不易。

我很喜欢他说的一句话：“好的生活，都是慢慢打拼出来的。努力工作，努力挣钱，努力生活，一切都会好起来的。”

这个质朴的道理，其实是解决这个世界上绝大多数问题的良方。

人为什么要努力工作？

因为你还不够好，因为你没有太多的选择和退路，甚至根本没有选择和退路。

好好加油吧，你的努力是不会被辜负的。

废掉一个人最隐蔽的方式，就是不断地捧他

东汉学者应劭写过一本挺有趣的书，名叫《风俗通义》，也有人直接称之为《风俗通》，在这本书里有这样一段描述：“长吏马肥，观者快之，乘者喜其言，驰驱不已，至于死。”

什么意思呢？就是说，有位官吏的马非常肥壮，看到的人都说这是一匹良驹，肯定跑得很快。马的主人听到这些赞誉之后很是得意，便让马不停地奔跑，不让它休息，最后导致马因为过度疲劳而死。

看似简短的一段话，背后的意思却意味深长：杀死你的马的人，就在你身边，就是那些在一旁拼命给你的马鼓掌、叫好的人。

这便是“捧杀”这个说法的出处。

之所以想聊一聊捧杀，是因为我认为这是毁掉一个人最隐蔽的方式之一，很多人真的栽在这个上面，我们对此应该有所警醒。

01 捧杀的厉害之处有两点

捧杀的厉害之处在哪里？

我认为主要有两点。

1. 非常有诱惑力，难以招架

捧杀，顾名思义，就是先将你捧得高高的，然后再要了你的命。这种方式最厉害的地方就在于其具有极强的诱惑力，让人难以招架。

为什么呢？

相信很多人都听过“温水煮青蛙”这个说法。据说，有科学家曾做过这样的实验：将青蛙放进高温的水中，青蛙会因突如其来的高温刺激，很快跳出来；但如果一开始水温比较低，让青蛙感到很舒适，然后再慢慢加热水，等到青蛙感到水温变高时，为时已晚，已经跳不出来了。

当然，后来有人证明这个实验并不是真实存在的，但我认为其背后的寓意还是值得深思的：

第一，太舒适的环境往往蕴藏着危险；

第二，人很容易在舒适的环境中沉沦。

第二点就是我想重点说的，人之所以容易在舒适的环境中沉沦，是因为趋利避害是人的天性，这是很难改变的。

同样的道理，对于夸奖和赞美，人往往也没有太多的抵抗力。可以这么说，没有人不喜欢被别人夸赞，也没有人喜欢被人批评。

这也是很多人被捧杀所毁的原因，因为人真的太容易被赞美诱惑了。

2. 有很强的隐蔽性，难以辨别

捧杀第二个厉害的地方，自然就是其超强的隐蔽性，常常伤害已经造成了，但受害的人还发现不了。

比如，在文章开头讲的那个故事中，官吏直到自己的马累死了，可能还没有意识到问题所在，不知道自己的马为什么会死。

捧杀类似于糖衣炮弹，看起来是非常美好的，没有任何伤害，但其实只是伪装得比较好——糖衣的外表，炸弹的内核。

所以，才有了这么一种说法：捧杀比棒杀更可怕。

这个说法应该很容易理解，棒杀是摆在台面上的，而捧杀则隐藏得很深。

很多人着了捧杀的道，在不知不觉中被杀得丢盔弃甲。

极具诱惑力，让人很难拒绝，又极其隐蔽，难以察觉，这便是我说捧杀是废掉一个人最隐蔽的方式之一的原因。

02 提防捧杀，人生才能走得更远

之前在网上看过一则寓言，情节很简单。

有一只名叫老白青的蛐蛐非常善斗，勇猛无比。不少蛐蛐前来挑战，都成了它的手下败将。

慢慢地，老白青的大名在圈子里传开了，成了远近闻名的大名人。小虫子们见到它都毕恭毕敬，大家都称其为“白元帅”，老白青一时非常风光。

某天，一只蛐蛐对老白青说：“白元帅，您如此骁勇善战，如果您和公鸡打一架，一定能揍扁它。”

老白青听了，便去找公鸡决斗，但没几下就败下阵来，幸亏跑得快，不然就被公鸡吃掉了。

但蛐蛐们又说：“白元帅啊，别看公鸡身高力大，它没有您灵活敏捷啊，只要您发挥自己的优势，就一定可以打败它，到时候您在昆虫界真的就是一代传奇了。”

老白青顿时来了精神，立刻挑衅公鸡，结果一下子就被公鸡啄进嘴里，一命呜呼了。

这是一个非常典型的捧杀引发的悲剧。

老话说得好：“站得越高，摔得越重。”

很多时候，有些人其实是没能力站那么高的，只是被一些外部力量捧到了一个很高的位置，结果力不能及、德不配位，结局惨淡。

我一直认为，人是很容易被心理暗示的。

一个人如果总是被别人否定，就会变得很自卑，虽然其实他并没有那么差劲。反过来，一个人如果经常被别人肯定，他就会变得很自信。

但如果这种肯定是别人过分地夸赞和吹捧他，不切实际地把他捧得高高的，那么这个人就容易自大狂傲、自以为是，最终会因此而酿成大错，走向失败。

因为很多现实的原因，我们听到的一些话往往会夹杂着水分，这恐怕是很难改变的，但我们可以做什么呢？

提防捧杀，保持清醒的头脑，对自己有很清楚的认知。

唯有如此，我们才能走得更稳、走得更远。

最后，我想借作家桐华的一段话结尾：“有人可以将恶意藏在夸赞下，也有人将苦心掩在骂声中。对你好的不见得是真好，对你坏的也不见得是真坏。”

我觉得，人生不是难得糊涂，而是贵在清醒。

庸者天天抱怨，强者都在默默改变

分享一位读者的故事。

上个月，读者球球终于离开了工作两年的地方，跳槽去了一家新公司，薪资是之前的两倍，而且从单休变成了双休。

球球之前所在的那家公司的老板很抠门，想着法子压榨员工，比如，迟到一次罚款 50 元，上班吃东西罚款 30 元，上班看与工作无关的网站罚款 30 元，时常需要加班，却从来没有加班费……

所以，同事们私下里怨声载道，一起吃饭时都在抱怨公司和老板太差劲了。

当然了，他们也不忘愤愤地表示，一定要离开这个鬼地方。

一个有趣的现象是，那些平日里叫骂得很厉害、抱怨得很凶的人，基本都没有走，至今还留在公司里；反倒像球球这种平时不怎么吱声的人，已经断断续续地走了好几个。

球球说，自从有一次被公司罚款以后，她便萌生去意了，但一时半会也找不到合适的去处，便去考了两个证书，学了点东西。

那段时间，她每天下班后就在家里学习，如今终于看到成绩了。

我听完她的经历后心生感慨：庸者天天抱怨，强者都在默默改变。

01 只会抱怨的人，最后都成了庸者

俗话说："人生不如意事十之八九。"在人生路上，肯定会有很多不开心的经历，会遇到不少糟心的人和事。

所以，偶尔抱怨几句、发发牢骚也是很正常的，再强大的人也会有抱怨的时候。

在篮球界，强如迈克尔·乔丹，在职业生涯早期也曾多次公开抱怨有"坏小子军团"之称的活塞队打球太脏，违背体育精神。

当时的这支活塞队在联盟里确实臭名昭著。湖人队的超级球星"魔术师"约翰逊曾如此评价活塞队的中锋兰比尔："你看到他站在篮下，就没有了冲进去的欲望，谁也不想因为一个上篮而报销职业生涯。"

可想而知，他们在球场上的动作有多粗野。

但不同的是什么呢？

不同的是，在连续三年被活塞打败后，乔丹在那年的夏天选择了增重，泡在健身房里拼命练力量。

你们不是喜欢对抗吗？你们下手不是非常狠吗？那我就奉陪

到底，你狠，我就比你们更狠。

这就是庸者和强者的区别：庸者总是在无休无止地抱怨，不去想办法解决问题；而强者则是在抱怨之后选择直面困难、奋起反击。

但可惜的是，在现实生活中，很多人都活成了前者。

他们牢骚满腹，整天抱怨这不好、那不行，看什么都不顺眼，但又什么都不做。

当然了，这样的人最后也很难有机会改变糟糕的处境，只能继续在泥潭里打滚、挣扎、深陷。

实际上，并不是庸者一直在抱怨，而是一直抱怨、不去行动和改变的这种行为导致我们最后沦为了平庸的人。

这就是我想说的重点：你可以抱怨，可以发泄情绪，但不能不去行动和改变，因为光靠抱怨是不能解决问题的。

路终究是一步一步走出来的，问题是一个一个解决的。

02 真正的强者，都在默不作声地努力

我曾经看过一个出租车司机的故事。

一位乘客搭一辆出租车去外地，发现这辆车不仅车身很干净，车内的布置也很讲究，司机衣着整洁，笑容满面。

车子启动后，司机问这位乘客，车内的温度是否合适，要不要听音乐或者收音机，乘客选择了爵士音乐。在音乐声中，车内

的氛围很轻松。

行驶了一会儿后，司机告诉乘客："车上有当天的早报和最新的杂志。如果想喝果汁和可乐，前面的小冰箱里有，可自行取用；如果想喝热咖啡，保温瓶里就有。"

乘客很惊讶，这服务未免也太好了。

车子又开了一会儿，司机问乘客："前面的路段可能会塞车，在这个时候高速公路反而不会塞车，走高速公路可以吗？"

在征得乘客的同意后，车子驶上了高速公路，两个人聊起了天。

乘客问："你是从什么时候开始采用这种服务方式的？"

司机回答："从我觉醒的那一刻。我以前经常抱怨工作辛苦，人生没有意义，但后来有一天在广播里听到别人谈人生态度，有一句话改变了我——'你相信什么，就会得到什么'。如果你觉得日子不顺心，那么你干什么都会觉得今天很倒霉；相反，如果你觉得日子很不错，那么你干什么都会觉得今天是幸运的一天。所以，从那一刻起，我有了新的生活方式，不再抱怨。我开始改变自己，将车内打扫干净，提高服务质量，善待每一位乘客。"

到了目的地后，司机停下车，绕到后面帮乘客开门，并递上一张名片，希望下次有机会再为他服务。

结果，这位司机并没有因为经济不景气而收入下降，他的车也基本不会空着在城市里行驶，因为总有乘客会打来电话，提前预订他的车。

这个故事让我想起了这次突如其来的疫情，很多行业、很多人都受到了前所未有的冲击，有的人一直在抱怨，有的人却选择了默默地努力。

有些饭店在朋友圈里卖起了卤味，有些服装厂开始转型生产口罩，有些人甚至临时转行卖烧烤、卖包子自救……

真正的强者都是这样的，他们也会受伤、彷徨，但他们不会退缩，更不会就此放弃。

电影《飞跃疯人院》里有一句台词："你们一直抱怨这个地方，但是你们没有勇气走出这里。"

改变吧，抱怨是没有用的，行动才会有新生。

别傻了，离开平台你什么都不是

昨天晚上给孩子讲故事，其中有一个故事叫狐假虎威。

相信很多人都听过这个故事，大意如下。

一只狐狸被老虎抓住了，生死时刻，狐狸对老虎说："你不能吃我，上天派我做百兽的首领。如果你吃掉我，就违背了上天的命令，一定会受到严厉的惩罚。"

见老虎将信将疑，狐狸继续说："你如果不相信我说的话，我们出去走一趟就知道了。你跟在我后面好好看看，谁见到我都不敢不立刻逃跑。"

老虎觉得狐狸的话有道理，便和狐狸同行，结果发现森林里的动物们一见到它们就吓得逃走了。老虎并不知道，百兽其实是害怕自己才逃跑的，而不是害怕走在它前面的狐狸。

讲给小孩子听的故事，细读起来，往往都是很有深意的。

这则故事，最早出自《战国策·楚策一》。

楚宣王问群臣："我听说北方地区的诸侯们都害怕昭奚恤（楚宣王手下的大将），你们知道这是为什么吗？"

一个名叫江一的大臣就给楚宣王讲了狐假虎威的故事，直言大王如今国土辽阔、拥兵百万，北方的诸侯们其实并不是害怕昭奚恤，而是害怕大王的百万军队，就和百兽害怕老虎而不是狐狸的道理是一样的。

我从这个故事里想到的是什么呢？

平台的重要性。

不管是狐狸，还是昭奚恤，他们之所以能威风八面，主要是因为他们背后有强大的平台。

这就是大平台做背书的效果。

今天就来聊一聊平台。

01 能选择一个好平台，这是本事

如果有机会进入一个好平台、大平台，我的建议是不要轻易放弃，要认真地考虑一下。

为什么这么说？

原因主要有三点。

第一，这样的平台通常可以提供比较好的薪资待遇、较大的晋升空间，如果你有足够的才华，正好可以大展拳脚。

第二，优质的平台能给你带来很多看不见的东西，如声誉、社会关系。

多年前，我在网络媒体工作，经常和电视台的人一起出去，我能明显感觉到人家受到的礼遇比我高出一大截。

后来，随着网络平台的崛起，尤其是我当时所在的那家公司已是行业龙头，所以我出去以后受到的待遇就有了很大的转变。

友情提醒一下：进入好的平台，但不会利用其优势，那就是浪费资源；不过，一定要懂得合理利用，把握好尺度，不要过火、越界。

第三，即使最终离开了这个平台，这份履历也给你镀了层“金身”，能让你在接下来的路上走得更顺畅。

如果你之前在华为工作过，或者在BAT之类的大公司工作过，那么即使你离开了，往往也不愁找到下一站，甚至会很抢手，而且薪资待遇往往也会不错。

当然，如果你的能力不行，最终仍会出局。但我想说的是，这份履历可以为你背书，你会比别人多一些机会，起点也高一点。

这就好像知名大学和普通大学的毕业生找工作，知名大学出身的人更容易获得好机会，起点比较高，大学的品牌和名气其实就是毕业生的背书。

事实上，如今很多职场人进大公司工作的动机就是想以此为跳板，把自己包装一下，他们往往并不在乎薪资多少，能进去就行。

我常听到一些人说酸溜溜的话："他有什么好狂的，不就仗着自己是大公司出来的，凭什么一来就爬到我们头上，谁知道他有没有真本事……"

我认为，还真别酸，有本事你进去试试？

从某个角度来说，能进入一个优质的平台本身就是一种本事。

02 别错把平台当本事

前面说过，平台的优势要知道利用起来，但要懂得合理利用，把握好尺度，不要过火、越界。

虽说进入一个好平台是本事，但错把平台当本事却是非常不可取的，因为这个而引发的悲剧也不少。

我曾经看过这样一则寓言。

话说，山上有一座庙，庙里有一头拉磨的驴。驴厌倦了整天围着磨盘转的枯燥日子，一直想出去看看。

后来有一天，庙里的僧人下山，便带着它驮东西。

一路上，见到他们的路人都虔诚地跪拜，驴得意起来了，心想："原来大家这么崇拜我啊！"

回到山上以后，驴再也没心情围着磨盘工作了。僧人无奈之下，便放它下山。

驴跑到了山下，遇到一伙人敲锣打鼓地朝自己走来，驴以为这是人们在欢迎它，便神气地走到路中间，等着众人跪拜。

结果，这头拦在路中间不肯走的驴被迎亲的队伍一顿暴打，驴便逃回了山上的庙里。

临死前，驴问僧人：“为什么上一次下山，人们对我又跪又拜，这一次下山，人们对我这般态度？”

僧人叹了口气，说：“你啊，那天我们下山，人们跪拜的是你驮着的佛像，不是你啊！”

这个故事可以总结为两个字——“别飘”。其实，在现实世界里，很多人都在扮演着这头驴的角色。

很多人仗着背后的平台，到处吹牛，整天想着如何混圈子、搞派系，却很少思考如何提升自己的能力……

我不知道你们有没有遇到过这样的人。因为工作的原因，我和不少大公司都有过合作和接触，所以我“有幸”遇到过。

为什么说“有幸”呢？

因为有这些人的存在让我清醒地认识到，人无论站得多高，所处的环境有多优越，都要踏实一点、谦逊一点，要有忧患意识。

很多时候，不是你牛，而是你身后的平台牛，别人尊重你、捧你，其实捧的不是你这个人。如果离开了平台，你可能什么都不是。

如果有一天，你离开了或者失去了背后平台的庇护，你发现自己除了一身懒病和恶习，什么真本事也没有，你就真的危险了。

所以，不要等到失去后，才后悔当初没有好好努力，没有踏踏实实地成长。

进入一个好平台往往就是你的本事，但千万别错把平台当本事。

最怕你能力平平，还什么都想要

自从运营公众号以来，每天都会有读者加我微信，也会有人留言，或交流或倾诉。我挺喜欢这样的互动，虽然有时回复慢，但还是会尽量回复每一个人。

在这个过程中，我发现有些人的价值观真的很有问题，而且不是一点半点。

这类人需要的往往不是方法，不是鼓励的话语，而是一个能将其打醒的巴掌，一个正常的三观。

在互联网时代，信息太多也太乱，一些造富神话让很多普通人憧憬着一夜暴富。

经常有读者对我说，他想去创业，一个月三四千元收入的工作干得太糟心了，还不如自己干点事情。

话说得不错，但当我和他们聊点实际的东西时，却发现他们什么都答不上来，想要创业的原因只不过是目前这份工作干得不开心罢了。

也有读者向我抱怨老板不公平，都工作好几年了，也不给涨工资，还提拔了后来的人，心里很不爽。

因为我不了解他，便让他自己列出几个公司给他升职加薪的理由，最后发现除了工龄长、态度好，也没什么真正拿得出手的理由。

一个人最可悲、最可笑的状态就是：没有自知之明，能力一般，也不够努力，却什么都想要。

01 你不是怀才不遇，是怀才不够

很多人总是抱怨自己怀才不遇，没有机会大展身手，抱怨老板不够公平，对自己有意见……

我想问的是，你有没有思考过为什么老板不给你机会？为什么他对别人没意见，偏偏对你有意见？

如果你把这些问题弄清楚了，或许就不会有那么多的抱怨了。

恕我直言，你之所以认为自己被区别对待、被冷落了，其实就是因为你还不够资格，你还不够好。

也就是说，你根本不是怀才不遇，而是怀才不够。

一个人越弱小，越容易患上被害妄想症，总觉得这个世界处处和自己作对，其实根源就是你太弱了，没有竞争力，所以才处处受伤。

如今跻身一线男演员的彭于晏，曾经也很迷茫，他当时也问自己：为什么我这么倒霉？为什么别人有那么多的戏可以演、有那么多的粉丝、可以拍那么多的广告？

为什么这么不顺利呢？

彭于晏反思曾经的自己，总结出了原因：其实，还是因为自己不够好。

在职场中成长的过程就像在游戏中升级打怪的过程：你的装备越厉害，能打的怪物也就越多、越高级；相应的，你得到的也就越多。

所以，不要总是抱怨自己为什么过得不好，先搬来一面镜子，重新认识一下自己，看看自己够不够好，有什么资本和理由过得好。

02 没有那么多的才华横溢，有的只是死磕

操千曲而后晓声，观千器而后识器。

你所看到的才华横溢，大多数都不是天赋，而是一天天与自己死磕、一次次练习之后的结果。

这几年认识了不少作家，有名的、不怎么出名的都有。在别人看来，作家都是才华横溢的，但所有的当事人，没有一个人觉得自己有多高的天赋和才华，只不过是懂得坚持，舍得对自己狠

一点。

一个已经出版了多本小说的朋友说，他已经连续10年每天写文章了，出门基本都会带着电脑，参加聚会、无聊的时候，就会掏出手机来写。

我想起了鲁迅先生说过的一番话：“哪里有天才，我是把别人喝咖啡的工夫都用在工作上的。”

前几天早上，我坐地铁出门，车厢里很挤，离我很近的一个小伙子戴着耳机，很专注地盯着手机屏幕，我瞥了一看，他在学习编程。

我身后的一个姑娘有座位，她手里捧着一本厚厚的书，嘴里小声地朗读着，她在学习英语。

每次坐地铁时，我都喜欢观察别人，有很多人在玩游戏、追剧，也有很多人在看书、学习。

每个人都有自己的选择，努力或不努力都是一种生活方式。但是，如果你想多要一点，就请你多努力一点。

你想要完美的身材，就要管住嘴、迈开腿；你想要变得才华横溢，就要多读书、多学习；你想要高薪要职，就努力拿出正儿八经的本事来……

最怕的就是一个人能力不怎么样，想要的却很多，因为这个世界并不是围绕着你来运转的，你可以不开心、迷茫、抱怨，但这个世界照常运转。

没能力，就别想要太多；没付出足够多的努力，就坦然接受目前的平庸；既然选择了放弃，就不要再抱怨。

归根结底，人都是自己成就自己的，也是自己毁掉自己的。怎么活，全看你的选择。

真正毁掉一个人的，是“打工者心态”

一位读者的留言令我感触较深，他说：“我们老板快 70 岁了，每天来得最早，走得最晚，天天如此。”

我是这样回复他的：“正因为如此，所以有些人给人的感觉是他做什么都会成功。”

从一个人对待工作的态度就可以看出他的水平和境界。

我不是一个话痨，但这条留言确实令我感触良多，主要是因为我正在创业。

可能是因为我经常在文章里面讲今后不再会有绝对稳定的工作了，所以常常有读者来问我一些关于选择的问题。

什么样的选择呢？比如，到底是继续打工还是去创业。

很多人想去创业，无非是觉得给别人打工看不到希望，而创业是一条可以改变生活方式的路——挣到的钱都是自己的，人也更自由。

创业的好处当然不少，我身边也有不少朋友都跳出来自己创业了，包括我自己。

但我想说的是，创业不是儿戏，不要只看到少数人的光鲜，却忽视了大多数人的落魄。

坦白地说，创业并不是唯一的出路，因为打工也不见得就有多糟糕。真正毁掉你的，从来不是打工，而是你的“打工者心态”。

01 很多人败于“打工者心态”

“打工者心态”是什么？我先讲一个小故事。

有一次，我在一个汽车站的候车室里等车，后来肚子饿了，便走进一家小超市买点吃的。

在付钱的时候，一位中年男人走到柜台前问有没有热水，店员没回应他。中年男人又问了一遍，她才不耐烦地回了句：“没有。”

中年男人说，车站开水房的炉子坏掉了，没热水，本来还想买桶泡面垫垫肚子。

随后，他向店员建议：“你们其实可以免费提供热水，这样生意不是更好吗？”

女店员说：“我又不是老板，每个月就那么多的工资，生意好不好，关我什么事？给自己增加工作量干什么？我又不傻。”

这位女店员的心态就是一种典型的“打工者心态”。

职场中有很多这样的人，他们对待工作的态度就是，多一事不如少一事，我只是替老板打工的，给多少钱就干多少事。

其实，我倒觉得这个中年男人的提议不错，热水的成本能有多少？关键是这个增值服务能带来更多的生意，而且店里的闲置空间挺大，完全可以放几张桌椅，供来往的人休息，甚至可以按小时收费，这些都是用很少的成本提升营业额的办法。不过，我忍住没说，因为说了也是自讨没趣。

有句话是这样说的："你永远叫不醒一个装睡的人。"同样的道理，你永远无法让一个拥有"打工者心态"的人为公司着想。

我在别的文章里讲过，其实工资不是老板发的，而是自己争取的。这个女店员完全可以跟老板谈，如果她能把营业额做到多少，就加多少工资。

只要合理，很少有老板会拒绝，有员工愿意帮助公司赚更多的钱，何乐而不为呢？这是一个双赢的局面。

但很多人并不会这么想，总觉得自己多干一点就吃亏了，总觉得公司发展好坏与自己无关，反正自己又不是老板。

恰恰是这种心态，让很多人对工作失去了热情，而这也埋葬了他们的未来，他们注定永远都只是一个打工者，没有成长。

02 将工作当成事业，会收获很多

通过一个人对待工作的态度，往往可以预见他的未来。有些人注定会一直平庸下去，而有些人前面的道路一片光明，前途无量。

我发现，那些没有工作界限感的人，往往成长得最快，最终的收获也是最大的。

什么叫“没有工作界限感”？

说白了，就是不把自己当外人，把工作当成自己的事业来做，而不是分得很清楚——我就是一个员工，是我的事才做，不是我的事不做。

360公司创始人周鸿祎曾说：“不论在方正还是在雅虎，我从来不觉得自己是在给他们打工。可能我真的是一个很有自信的人，我一直觉得是在为自己干，只不过客观上给公司创造了价值。另外，我始终觉得，应付一件事就是在浪费自己的生命。干任何一件事，我首先考虑的是通过干这件事能学到什么东西。”

这也是我为什么说没有界限感的人成长起来会很快，因为这样的人会真的用心去做事，沉浸到工作中，打磨自己，强大自己，而不是整天混日子，等着那点死工资。

一个人如果总是为了那点工资而工作，他的格局就会变小，就只能看到眼前几米的地方，变得斤斤计较。虽然看似没有吃亏，但其实输了未来，吃了大亏。

反过来，那些将工作当成事业的人，最终都将会收获很多。

我曾在文章里分享过这样一个故事。

某假期，朋友回公司拿文件，见一个小伙子在加班，便想跟

他聊几句，走近才发现他正在忙着做一份假期前布置的方案。

其实这个方案不是很急，客户假期后才要。

这个小伙笑着说："假期在家也没什么事，这个客户比较挑剔，所以现在有时间就先把方案弄好，防止到时候来不及。"

就因为这件事，朋友决定月底把这个员工的薪资调上去。

你看，因为这个年轻人有自动自发的态度，因为他把工作放在心上，所以他的领导主动提高了他的薪资。

把工作当成事业和把工作当成迫不得已的谋生手段是两种完全不同的心态，后者是典型的"打工者心态"，而前者是"创业者心态"。

可以这么说，一个连员工都做不好的人，即使日后自己创业，也很难获得成功。

请放大你的格局，别让"打工者心态"毁掉你的人生，打工并没什么不好，关键是你以什么样的心态去面对工作。

工作是一场修行，希望你能修成正果。

第五章

走上坡路的人生

一个人走上坡路的四大定律

很少有人不希望自己的人生是向上走的，但真正能做到的着实不多，要么是懂得道理却做不到，要么就是直接连道理都不懂。连道理都不懂，当然就容易走错路、做错事。

实际上，事物往某个方向发展往往是有迹可循的。一个人的人生是走上坡路还是走下坡路，可以从很多细节中窥探一二。

在我看来，要想让人生越来越好、走上坡路，就必须明白四大定律。

01 慢马定律

远行的路上，两匹马各自拉着一辆货车，一匹马很实诚，朝着目的地卖力地走着，另一匹马跟在后面慢悠悠地晃着。

于是，主人把慢马拉的货物搬了一些到快马的车上，慢马见了很高兴，脚步更慢了。

后来，主人把慢马拉的货物全都搬到了快马的车上。

浑身轻松的慢马暗自得意地说：“它真傻，这么卖力，活该被折磨，看我现在多舒服，还是我聪明！”

主人心里在想：“既然一匹马就能拉车，我为什么还要费这么多草料养两匹马呢？”

于是，主人没多久就把慢马宰掉吃了。

慢马定律：如果你可有可无，没有实实在在的价值，那么你离被抛弃的日子也就不远了。

坦白地说，在这个竞争激烈的时代，很多人拼尽全力地奔跑，也不过是为了保证自己不被淘汰而已。

所以，如果你没有足够的资本，你根本没有资格混日子，根本没有资格不努力奋斗。

02 嫉妒定律

诺贝尔文学奖得主罗素曾说过这样一句话：“乞丐并不会妒忌百万富翁，但他肯定会妒忌收入比他更高的乞丐。”

这就是我要分享的第二个定律——嫉妒定律。

嫉妒定律：一个人往往不会嫉妒陌生人的飞黄腾达，但会嫉妒身边熟悉的人比自己过得好。

在别的文章里，我反复提到过一个观点：在这个世界上，真的没几个人真心希望你过得好。

并不是我对这个世界太悲观，而是这就是人性的一个阴暗面，这是一个普遍存在的现象。

之所以讲这个定律，我主要是想说四点。

第一，如果遇到背叛、诋毁、虚情假意，希望你看开一点，别为这些事黯然神伤。

第二，不要炫耀，这能让你省去很多麻烦。

第三，不要攀比，这能让你省去很多烦恼。

第四，不要嫉妒，这是一种很没修养、很没格局的表现。

一个被嫉妒蒙蔽心智的人是很难向上走的。

03 馅饼定律

很多人都钓过鱼，钓鱼的原理很简单：用美味的鱼饵引诱鱼吞食，一旦它上钩了，嘴被钩住了，就难以逃生了。

猎人在布置陷阱时往往也会使用同样的招数：在隐蔽的陷阱上方放置一些食物作为诱饵，等猎物扑向诱饵时，就会掉入早已准备好的陷阱里。

这其实就是馅饼定律最好的注解。

馅饼定律：天上是不会掉馅饼的，即使真的有馅饼掉下来，旁边往往也会有陷阱在等着你。

在成长和前行的路上，不要总想着不劳而获或者一劳永逸，免费的午餐里往往都藏着不轨的图谋。

很多时候，一个人越急于求成，就越容易陷入迷途、坠入陷阱。

坦白地说，很多骗局之所以奏效，往往并不是因为骗子的手段有多高明，而是因为人们没有守住自己的心，不够清醒，被馅饼砸晕了，所以才上了钩。

越努力，越幸运。请踏踏实实地努力，好运自然会找上你，你的人生也自然会慢慢地向上走。

04 乌鸦定律

一只乌鸦同朋友鸽子告别。

鸽子问它：“你为什么一定要搬走呢？”

乌鸦回答道：“其实我也不想搬走，但这里的人对我太不友善了，他们嫌我的叫声太难听，我是真的待不下去了。”

鸽子沉思良久，对朋友乌鸦说了这样一番话：“如果你不改变自己的声音，那么无论你飞到哪里，都不会受到欢迎。”

这就是我想分享的第四个定律——乌鸦定律。

乌鸦定律：如果不改变自己身上的一些缺点，那么有些问题就会一直困扰着你。

虽说人生在世，我们应该学会取悦自己，不要过于在意别人的眼光和评价，但如果自身的确有问题，我们还是要努力去改变的。

古人说：“每日三省吾身。”

在遇到问题的时候，如果我们能做到先不急着抱怨、指责别人，而是先从自己身上找原因，那么不仅能减少很多误会，还能让我们迅速成长，变得越来越优秀。

这个世界的运行法则是，越优秀的人越容易被善待，越强大的人越容易受到尊重。所以，改变、完善、强化自己是一个人走上坡路的最佳方式。

上坡路走起来都是费力的，但其实也没有那么可怕，只要有向上走的决心，再运用一些方法获取推力，你自然会走得轻松一些。

一个人成熟的标志，就是不总想着改变别人

很多人都听过下面这个故事。

在很久很久以前，人们都光着脚走路，经常会被一些锋利的石子划破脚。

有一次，国王去偏远的地方旅行，路上有很多尖尖的碎石子，将国王的一双脚硌得生疼。

回到皇宫后，这位善良的国王心想，我一定不能让百姓们再受这个罪了。他下令，全国的路都要铺上厚厚的牛皮。

但问题来了，上哪里找这么多的牛呢？

大臣们头疼不已。这时，一位聪明的大臣站出来对国王说："其实，大可不必将道路全都用牛皮铺上，只要将牛皮裹在脚上就可以了。"

国王一听，这的确是一个好主意，于是就采纳了这个建议。据说这就是皮鞋的由来。

之所以讲这个故事，我想说的是：很多时候，我们应该学会

改变自己，因为改变自己往往比改变外界（别人）更容易做到，也更容易解决问题。

在我看来，一个人成熟的标志之一就是不总是想着改变别人。换句话说，真正成熟的人，比起改变别人，他们更愿意改变自己。

不管是在工作还是生活中，这种思维方式都是极为实用的。

01 最好的夫妻关系是彼此尊重

我曾经看过一个温馨的小故事，大意如下。

有一个北方男生和南方女生恋爱了，男生无辣不欢，口味很重，但女生喜欢甜食，一点辣都吃不了。

女生身边有朋友劝她："你们还是别在一起了，连吃都吃不到一起去，以后还怎么过日子啊？"

但女生还是义无反顾地嫁给了男生，两个人从恋爱到结婚，感情一直很好。

为了解决饮食的问题，男生会将饭菜的口味做得清淡一些，使饭菜更符合女生的饮食习惯。每次吃饭的时候，男生会在自己面前放上一碗辣椒酱。而女生也经常会陪男生去吃他喜欢的火锅、烧烤等美食。

最好的夫妻关系其实就是彼此尊重和包容。真正聪明且成熟的夫妻不会想方设法改变对方，而是尽可能地改变自己。

为什么呢？

我认为主要有两个原因。

第一个原因是一个人的习惯和秉性是很难改变的。

让一个无辣不欢的人改吃甜食或清淡的食物是很痛苦的。当然了，习惯了清淡饮食的人改吃辣，往往也受不了。

其实，饮食习惯还算是比较容易改变的。相比之下，这个世界上比换口味更难改变的事情实在是太多了。

第二个原因是难以改变的结果就是矛盾重重。

在上面的故事中，如果男生要求女生和自己一起吃辣，或者女生不让男生吃辣，希望他能和自己一样，饮食清淡一些，那么最后的结果很可能是两败俱伤，双方心里都不舒服，都认为对方不体谅自己、不爱自己，关系就此出现裂痕。

所以，心智成熟的人往往不会总想着改变别人。要想让家庭和睦，就要学会包容、接纳、理解。

02 最好的修养是尊重别人

在《了不起的盖茨比》里有这样一句话："每当你想要评论别人的时候，你要记住，不是世上所有人都拥有和你一样的优越条件。"

在人际交往中，很多人都有这样的毛病：习惯以自己的认知对别人指手画脚、评头论足。

比如，有的人习惯了节俭，见不得浪费，所以在外面吃饭的时候，习惯将剩饭剩菜打包带走。但这样的行为并不能得到所有人的认可，有的人就认为和这样的人一起吃饭很丢人。

再比如，有的人对感情不愿意将就，不想随随便便找一个人结婚，所以三十几岁了还单身。这时候，有人就会说怪话了："挑什么挑啊？也不掂量掂量自己，再过几年就彻底没人要了。"

我们经常会说到教养，什么是教养？

我认为，最好的教养就是懂得尊重、理解别人，哪怕并不认可别人的观点和做法，也不会强迫对方接受自己的观点。

坦白地说，我们虽然同处一个世界，但未必是同一个世界的人，每个人的经历和境遇是不一样的。

你认为这个人不够努力、没有追求，殊不知他曾经也像你一样拼命，但在一场大病后对生命有了更多的感悟。

越是成熟的人，越是见过世面、有修养的人，往往越能理解别人，越懂得尊重他人的意愿和活法。

强迫别人活成你认为对的样子，既没有必要，也很难做到。

03 最大的格局是改变自己

在后台，经常有读者留言，向我抱怨公司制度差、人际关系复杂、大环境不好。我通常都会建议他们：在情绪发泄完以后，要么继续干，要么就果断走人。

为什么这么说呢？

因为这个世界上有很多趋势或环境是很难改变的，至少以个人或小群体的力量而言，是没办法逆转的。

在别的文章里，我说过这样的话："打败康师傅的不是统一，不是今麦郎，更不是白象，不是任何一个平日里与之厮杀的竞争对手，而是美团、饿了么这些外卖平台，以及散布在城市里大大小小的外卖餐馆。"

确实如此，方便面做得越来越精致、美观，口味也越来越多，吃的方式也在不断升级，但终究还是无法挡住外卖的炮火。

这就是趋势、环境的力量。

所以，很多时候，最理智、明智的选择并不是努力改变环境，而是改变自己。而这往往体现了一个人、一家企业的格局，也是立于不败之地的前提。

真正成熟的人知道什么时候应该逆水行舟，也知道什么时候应该顺势而为。

真正有智慧的人，不会太把自己当回事

关于著名音乐指挥家沃尔特·达姆罗斯，有一个流传很广的小故事。

在20多岁的时候，达姆罗斯就当上了乐队的指挥，名气很大。但他并没有因此而忘乎所以，为人谦逊有礼，处世沉稳。

年纪轻轻就能有如此高的成就，还保持着谦逊的态度，这样的境界是如何修炼出来的呢？

达姆罗斯自己揭开了谜底。其实，在刚当上指挥的时候，达姆罗斯也是有些头脑发热的，他认为自己才华盖世，没有人可以取代他。

有一次排练，他将指挥棒落在家里了，便准备派人去取。秘书见状，建议他直接问乐队里的其他人借一根。

达姆罗斯很不解，乐队里只有他一个人是指挥，其他人怎么可能会带着指挥棒呢？

虽然心里有疑惑，但他还是开了口，问大家谁带指挥棒了，

结果大提琴手、小提琴手、钢琴手都掏出了一根指挥棒。

那一刻，他愣住了，突然醒悟过来：原来自己并没有想象中的那么重要，并不是不可或缺的，有很多人随时都可以取代自己。

从那一天开始，他才真正摆正了自己的位置，对人的态度也谦逊了很多。

相信很多人都听过这个故事，但未必有多少人会重视这个故事所要传达的思想，未必能真正地从中汲取营养。

实际上，在生活和工作中，做人最忌讳的一点就是太把自己当回事了。

人一旦养成这样的习惯，就很容易出问题。

01 太把自己当回事，结果大多不太好

一个人太把自己当回事，容易出现什么问题呢？

浅显地看，容易出现三个问题。

第一个问题是没办法成长。

一个人太把自己当回事，往往是因为小有成就，开始膨胀了，觉得自己无所不能。

老话说："满招损，谦受益。"人一旦有了自满的情绪和心态，就很难再进一步成长了，也很难走得远。

第二个问题是容易惹来麻烦。

一个人太把自己当回事，就会变得傲慢、骄横，难免出言不

逊、举止过界，容易对别人做出无礼的事情。

人与人之间的关系是互相的，你尊重我，我也尊重你，你若对我无礼，那就休怪我对你无情。

一个人对他人无礼，很容易给自己惹来麻烦，用“寸步难行”来形容未免有些夸张，但确实会徒增很多的麻烦和障碍。

第三个问题是容易失望。

已经故去的艺术家英若诚讲过这样一件趣事。

英若诚生在一个大家族中，每次吃饭都是几十个人坐在一起。有一次，他突发奇想，决定和大家开个玩笑，他藏在饭厅的柜子中，等大家来找他。

躲在柜子里面的英若诚想象着大家因找不到他而着急的样子，心里觉得很好笑，但这一幕始终没有发生，因为压根就没有人注意到他的缺席，大家吃饱喝足就各自离去了。最后，他肚子饿得厉害，只好失望地从柜子里出来了。

很多时候，期望越大，失望就越大。你太把自己当回事，把自己当成宝贝，但别人未必这么想，结果必然是让你失望的。

遇到这样的情况，有些人悟性高，能幡然醒悟；但有些人的悟性就没那么高了，而且喜欢钻牛角尖，情况就会变得更糟糕。

实际上，光这三个问题中的一个，往往就足以摧毁一个人。

02 有智慧的人，不会太把自己当回事

经过这么一番分析，你应该已经明白了：很多时候，我们太把自己当回事是不聪明的。

那些真正有智慧的人，往往看得很透彻，不会把自己摆在很高的位置，反而会得到更好的结果。

其实，这样的人不仅有大智慧，内心也非常强大，他们不需要通过别人的肯定来认可自己。

也正因为如此，所以他们的处世哲学是这样的：别人不把我当回事时，我一定会把自己当回事；别人把我当回事时，我反而不会太把自己当回事。

这段话可能有些绕，简单总结一下就是：保持自信，保持清醒。

当我们自身的实力不够强大、没人在意、被人瞧不上的时候，我们一定要把自己当回事，要相信自己，要把自己正在做的事情用心、努力地做好。

所有的大人物，其实都是从小人物一步步成长起来的。

老话说："英雄莫问出处。"过去就是过去，不代表当下和未来。

你的过去怎么样、起点有多低，都不应该成为绊倒你的障碍，不应该成为你放弃的借口和理由。

我们在弱小的时候，一定要把自己当回事。而当我们有了不

错的成绩和地位，开始被人捧着，很多人开始正眼相看、把我们当回事的时候，就不要太把自己当回事了。我们要保持清醒和理智，要知道山外有山、人外有人。

这份智慧，能让我们在前行的路上走得更稳、更远。

真正聪明的人，凡事先从自己身上找原因

先讲一个有趣的故事。

一对老夫妻在一起生活了大半辈子，感情很好，但老爷子对妻子有一点不满，那就是她每次都把面条煮得很烂。

不管怎么叮嘱，他每天早上起来总会发现桌子上有一碗煮得很烂的面条。

有一次，老爷子实在忍不住了，就自己起来煮面。面煮好后，他兴冲冲地跑进房间喊妻子起床："快起来，我今天让你看看什么叫不烂的面条。"

老太太躺在被窝里，愣是不起来，她对老爷子说："那我也让你看看，一碗煮好的面条是怎么变烂的。"

故事虽短，但细细思考和品味，就会发现其中大有深意。

很多时候，我们就是这位不明真相的老爷子，在遇到问题的时候，总以为问题出在别人身上，却很少从自己身上找原因。

实际上，人生中的不少问题和烦恼往往都是这么来的。

01 凡事从自己身上找原因，就能减少很多误会

试想一下，在上面的故事中，如果这位老爷子能先从自己身上找原因，那么在煮面条这件事上，他就不会对妻子不满，甚至很可能会按时起床，吃到劲道可口的面条。

我还听过另外一个类似的故事。

有一位老太太对自己的儿媳妇不满，经常向别人抱怨她太懒，不知道收拾家里。

有一天，一个亲戚过来串门，老太太又开始念叨："我家儿媳妇太懒了，你看家里窗户玻璃那么脏，也不知道擦一下，衣服也洗不干净……"

亲戚感到很纳闷，因为窗户玻璃很干净，衣服也很干净。细心地观察了半天，亲戚终于发现了原因。

原来，老太太自己戴的眼镜镜片很脏，所以她才会觉得家里总是脏兮兮的。

很多时候，问题往往出在我们自己身上，而不是别人身上。

但是，人就是有这样的劣根性，总是习惯用放大镜看别人的缺点，对自己却很宽容。

所以，在遇到问题的时候，如果我们能不急着去抱怨、指责别人，先从自己身上找原因，先反思自己，往往就能消除很多的误会。

老子有句名言："大道之行，不责于人。"

这句话的意思是，不要轻易地去指责别人。这不仅是一种修养，也是一种大智慧。

坦白地说，很多事情，即使你亲眼看见，也不一定是真相。

比如，孔子看到学生颜回从锅里抓米饭吃，他以为颜回是因为饿了才去偷吃，但真相是锅里进了一些灰，颜回不忍浪费粮食，这才将这些脏掉的米饭抓起来吃了。

如果你细心观察，就会发现这样一种比较普遍的情况：那些情商较高的人，往往不会在不明真相的情况下，草率地去指责别人。

这是一种非常有智慧的做法，因为有些话一旦说了，特别是批评的话，就会给别人带来很大的伤害。很多关系，一旦破裂，就很难再回到从前了。

我觉得，这是今天很多职场人要特别引以为戒的一点。

02 凡事先从自己身上找原因，才能快速成长

很多人都知道"每日三省吾身"的说法，这句话出自《论语》。

春秋时期，孔子的学生曾参（曾子）深得孔子喜爱，他的同学就问他为什么进步那么快。

曾参说："我每天都多次问自己，替别人办事是否尽力？与

朋友交往有没有不诚实的地方？我传授给学生的知识有没有亲自实践？”

我之所以讲这个故事，就是想说明一点：一个人如果有自我反思的习惯，能学会凡事先从自己身上找原因，多做有价值的复盘总结，成长起来就会很快。

为什么一些人工作多年却没有太大的进步？为什么有些人在同一个地方接二连三地出错、摔跟头？

原因在于，他们并没有从困难和挫折中获得有价值的东西，苦是吃了不少，但不长记性。

我接触过不少很优秀的职场人，他们身上往往都有这样一种特质：任务完成以后会进行复盘总结，看看哪里做得不错，哪里做得不好，想想应该怎么调整，以后要注意什么。

我曾经看过一位企业高管的工作笔记本，上面密密麻麻地记着很多这样的心得和反思。

所以，有时候，你不得不感慨：有些人取得成功是必然的，而有些人进步缓慢也是必然的。

因此，不管从为人处世还是从个人发展的角度来看，凡事先从自己身上找原因，多反思和复盘自己的行为，都是一种非常聪明的做法，也是我们最应该养成的习惯之一。

“我下班了，明天再说”：对待工作的态度，决定了你的高度

最近遇到一件事，有点不吐不快。

前两天，有一个人找我合作，聊了十几分钟，他突然来了一句：“我要下班啦，明天再找你聊哦。”

我下意识地看了一眼时间——18 点整。

他随即发来一个调皮的表情，不知道是为了缓解聊天突然中断的尴尬，还是无法掩饰下班的激动心情。

后来，他再次找我的时候，我委婉地拒绝了合作。

并不是我矫情，而是看到他这样的工作态度，我担心如果我们合作，他能不能将事情做好。

一个负责开拓市场渠道的人和目标客户聊到了正题，竟然因为到了下班时间就突然不聊了，这真让人诧异。

这种感觉就像你跑到售楼中心去买房子，接待你的人说：“我下班了，你明天再来吧。”

当然，还有一种可能性是，我不是重要的目标客户。

不管出于什么原因，我认为这样的工作态度是有问题的，对方显然是不够敬业的，也是难以实现自身价值突破的。

对待工作的态度，往往决定了一个人的高度，包括人生的高度、事业的高度。

01 你若想得到更多，就请用心对待

不少人总是抱怨工资不涨，却很少思考为什么自己的工资不涨，别人的工资很快就涨上去了。

这就是问题所在。

在这个世界上，确实有很多不公平的地方，也有不少人品败坏的老板，这些都是客观存在的。

但是，在绝大多数情况下，一个人的薪资水平、事业高度，还是由自己来决定的，决定这些的因素包括能力、价值、态度、忠诚度，等等。

你想要拿高薪，站到更高的地方，就必须为此付出更多。

几乎没有人可以跳出这样的规则。

不谦虚地讲，我曾经是公司里涨薪最快的人，也是比较受老板青睐的员工。

原因就六个字——态度正，能力强。

我至今仍记得第一次交稿的情景，老板看了我的文章后，找我谈了话，认为行文风格与公司要求严重不符。

那天下班后，我几乎一夜没睡，只干了两件事。

第一件事是将公司里老同事们的文章找出来，一篇一篇地读，研究人家的行文风格和结构；第二件事是换一种风格，连夜重新写了一篇文章。忙完的时候，窗外已经泛白了。

第二天一上班，我就将文章发给老板过目，他很诧异我竟然在一夜之间有这么大的进步，我觉得他当时可能怀疑我找人代笔了。

从那以后，我的文章越写越好，颇受老板赞赏。一个月后，我的基础薪资涨了几百元。

在那家公司工作的那几年，我没有迟到过一次，也几乎没请过假。不管什么时候需要加班，我都是随叫随到，周末也不例外。

赶项目的时候，我自觉地留下来加班；下班后，我主动地学习一些应用软件，配合公司拓展新的业务板块。

我不是一个很聪明的人，但我是一个比较努力的人，是一个态度比较端正的员工。

我也因此得到了很多——成长快，涨薪快，升职快。

态度决定高度，决定一切！

人与人之间的相处，需要走心，需要用心对待。工作也是如此，你真正把工作当回事，用心去做，工作才会把你当回事，给予你更多。

反之亦然！

这是职场中最浅显的道理，也是最深刻的道理。

02 做自己喜欢的事，喜欢自己做的事

很多职场人目前的状态是：讨厌自己正在做的工作，但因为种种原因，又不得不去做这份工作，无奈且痛苦。

正因为这样的心态，所以他们对待工作往往会敷衍了事，拨一下才动一下，没有主观能动性，而且时常有怨气。

但越是这样，就越跳不出这样的怪圈，只会形成恶性循环。

美国“石油大王”洛克菲勒曾在写给儿子的信里这样说：“如果你视工作为一种乐趣，人生就是天堂；如果你视工作为一种义务，人生就是地狱。”

对工作抱着不同的态度，结果当然会不同。

为了生计也好，为了实现自身价值也罢，不管出于什么样的原因，对绝大多数人来讲，我们这一辈子都是离不开工作的。

既然如此，我们就很有必要调整好工作态度，如果每天都怀着负面的心情工作，工作时总是痛苦万分，这样的人生是不是很糟心，甚至有些可悲呢？

这也是人们常说“工作是一场修行”的原因。

关于工作态度，我想分享两点。

1. 做自己喜欢的事

选择工作的时候，尽量选择自己喜欢的，这一点非常重要。

面对自己真正喜欢、感兴趣的工作，人们往往会迸发热情，主动地投入感情、认真对待，并且，往往能将事情做好、做得出彩、做出成就。

一直做自己喜欢的事情，无疑是一件幸事。

2. 喜欢自己做的事

不得不承认，即便做自己喜欢的事情，时间长了，热情退了，也难免会有厌倦的时候。况且，很多人还没有这么幸运，他们做的并不是自己喜欢的事情。

这个时候，就要看一个人的修行了。

所谓修行，就是即便面对自己接受不了的人和事，也要让自己慢慢地接纳、喜欢，让自己变得更好、更强大、更快乐。

很多时候，修行到家了，态度就端正了；态度端正了，高度就上来了，很多问题也就迎刃而解了。

工作如此，生活如此，人生亦如此！

一个人开始走上坡路的三大迹象

有人说，30 岁以后的你站在哪里，其实早就注定了。

现在的我，对于这样的话，还是比较认同的。

我们常常会给某个人贴上“潜力股”的标签，看好他的未来；也常常会很不客气地断言某个人这辈子就这样了。

之所以会有这样的判断，其实就是因为我们看到了这个人当前的状态，我们知道他是在走上坡路，还是在走下坡路。

如果一个人在不断地向上走，哪怕现在处于比较差的境地，结果也往往会比较好。

那么，如何判断一个人是否在向上走呢？

我认为可以观察他身上是否出现了三种迹象。

01 不动声色地努力，享受独处

只要向上走，总是辛苦的，总是需要付出努力的。

乍一看，这个世界上似乎不缺努力的人，每个人都忙忙碌碌，但人与人之间的差别还是很大的。

有的人选择“光明正大”地努力，看了一会儿书，加了一次班，全世界都会知道。只要立下了一个鸿鹄之志，他们就一定会昭告天下。

有的人则选择“偷偷摸摸”地努力，不动声色地看了几十本书，下班后去上外语培训班，默默地考了好几个证书。

不客气地说，喜欢晒努力的人，往往并非真正努力的人；喜欢立志的人，往往是无志之人。

真正努力的人，通常都是不动声色的。

有人问主持人汪涵：“为什么你的主持功力那么深，临场反应能力那么强？”

汪涵的回答是这样的：“很多人以为我是凭空变成这样的，其实不是的，我背地里是一个非常努力的人。大概从十几二十年前开始，我就从来没有进过练歌房，也没有去泡过吧了，我天天躲在家里看书。我会把我认为最好的句子，或者最感动我的一些思想，不断地在自己内心咀嚼，有的时候我甚至还对着镜子去重复说那些东西，就是为了让自己在说的时候更加自然。”

如果一个人在不动声色地努力，开始刻意减少低质量的社交，越来越享受高质量的独处时光，就可以断定他正在走上坡路。

02 感到焦虑，有危机感

比处于危险之中更可怕的一种状态是什么呢？

是不知道自己处于危险之中。

很多人之所以没有走在上坡的路上，是因为觉得在平地上待着就挺好的，没必要费力地向上走。

这也直接造成了不少人处于混日子的状态，而且心安理得。

经常有读者问我："哈叔，我现在很焦虑，怎么办？"

我觉得，焦虑不完全是一件坏事，这也可能是一个人正在变好的一大迹象。

真正优秀的人，或者说以后会越来越好的人，往往是带着焦虑感活着的。

前两天，我和一个开店的朋友聊天，他说自己最近比较焦虑，店里的营业额已经连续两个月下滑了。

其实，他的店生意挺不错的，一个月能稳定地获得五六万元的利润，只不过这两个月稍微下降了一点。

有些人之所以能一直挣到钱，一直向上走，就是因为他们有危机感。

一个人的危机感越强，求生欲越强，执行力也就越强，也越容易跳出自己的舒适圈。

03 感恩父母，体恤爱人，懂得责任和担当

我自认是一个普通人，所以看问题的视角也很普通。

我曾经多次在文章里提到一个观点：对普通人来讲，能够将家人照顾好就是很大的成功。

很多人之所以整天混日子，不努力向上走，往往就是因为他们对家庭没有责任和担当。

有的人三四十岁了还在“啃老”；有的人只管自己吃饱喝足、潇洒快活，全然不顾爱人和孩子。

说白了，这样的人非常自私，而且可以想象到，他们肯定不够努力，路会越走越窄。

按照我的择友观，如果一个人对父母不好、对爱人苛刻、对家庭没有担当，就不值得交往，因为这样的人往往没有原则、没有底线。

反过来看，那些幡然醒悟、及时回头的浪子之所以会回心转意，往往是因为在阅尽千帆、见过沧桑后，终于有了责任和担当。这正是一个人真正开始变好，开始走上坡路的迹象之一。

向上的路总是难走的，但值得我们拼尽全力，因为每一步都是算数的，都不会白费。

愿往后余生，你脚下的路总是向上的！

真正的职场精英，大多具备这四种特质

很多时候，你真的无法想象一个人的价值能有多大，几个人的战斗力到底能有多强。

朋友老刘是做广告的，自己有一个小团队，只有 5 个人，但就是这个只有 5 个人的小团队，每年创造的收益在 300 万元以上。

他们为什么能做到这个水平？

简单来说就是“优秀的个体，完美的组合”。他们团队中的每个人都身怀绝技，而且分工明确，商务人员负责对接，文案人员负责策划，美工负责设计。

老刘曾不无得意地说：“一些十几、二十个人的公司都未必能干得过我们。”

这种自信的背后，是强悍的实力。

提到实力，人与人之间的差距真的很大，有些人是领导身边的得力干将，其强悍的实力真的可以用“三头六臂”来形容，一个人顶得上好几个人。

通常来说，这样的人会有很不错的发展前景，会被他人视为精英。

在我看来，一个真正的职场精英，身上大多具备四种特质，如果你还没有，我希望你能努力培养。

01 过硬的人品，做人做事有底线

李开复说："我把人品排在人才所有素质的第一位，这超过了智慧、创新、情商、激情等。我认为，如果一个人的人品有问题，这个人就不值得一个公司去考虑雇用他！"

很多人应该都听过下面这个故事。

一个年轻人去面试时碰到一位老人，老人认为年轻人是自己女儿的救命恩人，提出要重金酬谢。年轻人百般解释，老人才相信是自己认错了人。

后来，这位年轻人收到了录用通知书，成了这家公司的员工。开会时，他惊愕地发现，那天认错人的老人竟然是公司的董事长。

年轻人和身边的同事说起自己遇到的怪事，同事解释道："我们董事长压根就没有女儿，不过这个故事他倒是讲了很多遍，祝贺你通过了他老人家的考验。"

这个故事很老套，一点新意也没有，但其中的道理却永不过时：人品过硬的人往往才是可塑之才。

从老板的角度讲，一个下属的能力差一点没关系，还可以培养和慢慢打磨；但如果人品有问题，那就没办法了，即便录用了也不会重用，甚至会尽早让他离开。

反过来看，一个人若是人品过关，做人做事有原则和底线，就更容易被人信赖，当然也就更有机会获得重用。

所以，我们才会听到“人品是一个人最好的通行证”这种说法。

02 强悍的实力，执行力到位

老刘的这个小团队之所以能取得不错的成绩，很重要的原因就是每个人的单兵作战能力很强，在各自负责的领域里有着极强的战斗力。

大到团队，小到个体，要想成事，首先要把工作完成，这是一条亘古不变的规则。

所以，真正的职场精英具备的第二个特质就是实力强悍，执行力超强，能独当一面。

诸葛亮之所以能成为蜀汉的核心高层，就是因为他有极强的出谋划策的能力，能运筹帷幄，决胜于千里之外。

关羽、张飞之所以能成为蜀汉的五虎上将，并不是因为他俩是刘备的结义兄弟，而是因为他们万军之中取敌将首级如探囊取物的超强战斗力。

当然，如果这些人没有强悍的实力，刘备可能就不会桃园结义，也不会三顾茅庐了。

能力越强，往往越容易获得善待。

03 良好的沟通能力

要想打赢一场战役，光靠一个人是不行的，哪怕这个人再勇猛、实力再强也不行，道理很简单：一个人不可能干完、干好所有的事情。

有些人或许没有那么重要，但同样不可或缺，比如炊事员、卫生员、侦察兵、旗手……

这说明了什么呢？

说明了团队的重要性。要想成事，只靠一个人是不行的，需要团队里的每个人都做好自己的工作。

既然要相互配合，就一定会涉及沟通的问题，所以职场精英具备的第三个特质就是沟通能力强。

在职场中，沟通能力非常重要，这种能力的强弱有时候直接决定了一个人工作的效率和质量。

有些人本身的工作能力并不差，但就是因为不擅长与别人沟通，最后造成工作效率低下，甚至出错。

我认为，一个人如果被自己的沟通能力拖了后腿，确实很可惜，这样的人往往也很难在职场中更进一步，原因请看下面的第四点。

04 优秀的管理能力

俗话说："不想当将军的士兵不是好士兵。"

对一个职场人来讲，如果不想成为管理者，就说明他不是真正的精英，因为这很可能是畏难的表现。

真正的职场精英具备的第四种特质就是具备优秀的管理能力。这种能力越强，前途越不可限量。

前面为什么说沟通能力弱的人很难在职场中更进一步呢？

因为这样的人很难成为一个优秀的管理者，而管理能力的强弱往往是和沟通能力挂钩的。

一个优秀的管理者，沟通能力必定不会差；而一个差劲的管理者，在与人沟通这个方面往往都是有缺陷的。

坦白地说，管理能力并不是那么容易修炼的，除了沟通能力，还有很多能力需要培养，比如情绪管理能力、统筹安排能力、抗压能力等。

如果你也想成为一个真正的职场精英，拥有辉煌的事业和灿烂的人生，你就得不断地打磨自己、强大自己。

你拥有这四种特质中的哪几种，哪些方面比较强，哪些方面比较差，这就是你当下要去思考的问题。

第六章

10 年后，你会是什么样子

10年内，你的人生能否改变，这一点至关重要

昨晚和一个读者聊天，他对我说："哈叔，看完你前段时间写的一篇文章《一个人是否优秀，看他这些天在家干了什么就知道了》，特别有感触，现在距离上班还有一段时间，我准备学习Premiere，说不定以后能多一条出路。"

每次收到读者这样的反馈，我心里还是挺高兴的。

我并不是在贩卖焦虑，说真的，要想在这个时代很好地走下去，没有一身才华真的不行。

后来，为了鼓励他坚持下去，我送给他一句话："一年之内的成绩，看八小时；十年间的成就，看晚上两小时。"

这句话是我在网上看到的，细细品味，很有深意。

不妨问自己这样一个问题：如果我们想改变现状，在未来有一个不一样的人生，最关键的因素是什么？

答案可以先公布出来。在我看来，最关键的因素就是你把时间花在哪里，尤其是业余时间。

01 你的时间花在哪里，决定了你是什么人

在别的文章里，我写过这样一句话："优秀的人与平庸的人区别就在于，前者知道适可而止，将娱乐视为放松；而后者却沉迷其中，无法自拔。"

因为突发的疫情，很多人都只能宅在家里，无法出门。虽然大家的处境一样，但每个人的选择却不同。

那些优秀的人，除了好好休息，还会做一些有利于成长的事，比如，将平日里没时间看的书看完；在线学一个技能；对过去的工作进行总结；思考一下未来，制定一个计划，等等。

另外一些人就懒散得多，晚上追剧到深夜，第二天睡到中午，吃完饭继续瘫着、躺着玩手机，每天就这样循环着。

两种截然不同的状态，最终会让他们的人生有天壤之别。

前者更有机会改写命运，更容易成为强者，拥有令人羡慕的人生，而后者则可能难有逆袭的机会。

这两种结局，其实就是"时间选择"的结果，你选择把时间花在什么地方，哪里就会开花结果，也决定了你是什么样的人，会有什么样的人生。

在职场中，有些人升职很快，涨薪很快，为什么呢？

因为他们的能力出众，为什么他们的能力出众？因为他们在个人成长和能力提升上投入了比其他人更多的时间。

大道至简，所谓的成功之道往往就是这么简单，但做起来却

很不简单。

实际上，各行各业、各个领域和事物，往往都在遵循着这样的规律：最终取得的结果和投入的时间有着非常直接的关系。

所以，我很喜欢这样一句话："别人努力，你也努力，这叫本分；别人休息，你仍在努力，这才叫勤奋。"

这不是鸡汤，而是大实话。鲁迅先生曾经说："哪里有天才，我是把别人喝咖啡的工夫都用在工作上的。"

如果你的起点不高、天赋不足、资源有限，你就应该更加努力，在有价值的事情上投入比别人更多的时间和精力，否则你的人生真的难以出现转机。

02 业余时间决定了你的未来

一年之内的成绩，看八小时；十年间的成就，看晚上两小时。

后半句话的意思是：下班后的业余时间决定了你在未来十年能取得什么样的成就。

对于这句话，我是比较认同的，原因主要有两个。

第一个原因是沉淀。

很多事情，都不是一夕之间就能做到的，必须长时间沉淀，持续成长，打持久战。

既然是打持久战，那肯定就要看谁更能熬了。谁投入的时间和精力更多，就能得到更多，打赢这场仗。

当然了，前提是努力要有效，方法要正确，方向要对。

有一个问题值得多说一嘴，那就是换工作。

频繁换工作，尤其是跨行业和专业的跳槽，是非常有风险的。很多人看上去挺勤奋，什么都干，但最后仍然处于很低的水平，不管是专业能力，还是收入。

原因就在于，他们只有经历，没有沉淀。

第二个原因就是拓展。

我们在未来能取得什么样的成就，还受到另外一种能力的影响，那就是抗风险的能力。

这个时代发展太快了，充满了变数，一两年的时间就可以成就一个人，当然也可以淘汰一个人。很多人真的是莫名其妙地就被淘汰出局了，尽管他们也很努力。

所以，下班后的几个小时就显得极为重要了，这段时间往往才是拉开人与人之间差距的主战场。

如果你能拿出一定的时间用来做准备，强化自己的技能，丰富自己的武器库，将自己的能力边界、认知边界拓展得很宽，那么你的未来就会更加光明。

从今天开始，请利用好你的业余时间，多做有意义的事、有助于成长的事。多年以后，再回头看的时候，你一定会感谢当初的自己做出这样的决定。

10 年后，你能站在哪里，也许早已注定

你有没有想过 10 年后的自己会有什么样的人生？

有人说，世事无常，人生难料，这种事情谁能说得准。

其实，几年以后你能拥有什么样的人生，你能站在哪里，都已经注定了。

一如你现在的人生，今天所站的位置，在几年以前其实也早已有了答案和安排，只是你浑然不知。

这不是什么天意和命运，而是一种因果，是一种选择。

今天的结果取决于你过去的选择，而你今天的选择又在决定着明天的结果。

这就是人生最真实的一面。

01 今天的苦果，都是昨天亲手种下的

我经常听到这样一种声音：我现在很迷茫，不知道自己要干什么，不知道能干什么……

这种状态，很多人或多或少都经历过。

那么，这是什么原因造成的呢？

答案也许是：在学生时代，或者在几年前，你没有学习什么技能，没有做好职业规划，没有设立明确的目标……

简而言之，过去的你没有为今天做好足够的准备，付出足够的努力。

如果你曾经很认真地思考过将来要干什么，做过职业规划，早早地确定了目标；如果你在几年前就开始努力学习，让自己拥有一技之长，今天的你很可能就不会如此迷茫、彷徨。

你今天的幸运与不幸，往往取决于你曾经的选择，你到底是选择了努力还是选择了安逸？

同样的道理，如果今天的我们得过且过，没有目标，没有危机感，浑浑噩噩地混日子，那么5年后、10年后人生的样子，几乎是可以预料的。

人生的很多苦果，往往都是自己昨天亲手种下的。

你今天偷的那些懒，在未来的人生路上，都是要一点一点地还回去的，而且往往要加倍还回去。

02 别选好走的路，走好选择的路

电影《本杰明·巴顿奇事》里有一段比较长的台词，我希望你能逐字逐句地看完。

做你想做的人，这件事没有时间的限制，只要你愿意，什么时候都可以开始；

你能从现在开始改变，也可以一成不变，这件事没有规矩可言，你能活出最精彩的自己，也可能搞得一团糟；

我希望你能活出最精彩的自己，我希望你能体验未曾体验过的情感，我希望你能遇见一些想法不同的人，我希望你为你自己的人生感到骄傲；

如果你发现自己还没有做到，我希望你有勇气从头再来。

你想怎么活，想拥有什么样的人生，都是你自己的事，因为你有选择的权利，我只是希望你能做出更好的选择。

我写这些并不是要对你的人生指手画脚，而是希望能给你带来一点思考。你可以看完后一笑置之，也可以选择反思、改变。

过去的已经过去，再追悔也是徒然。想要让5年后、10年后的人生能有不一样的色彩，就要从当下开始。

我希望你能做到两点：一是别选好走的路，二是走好选择的路。

这是杨绛先生的一句话，原话是："走好选择的路，别选择好走的路，你才能拥有真正的自己。"

你做到这两点之后，能不能拥有真正的自己，我不知道。但我知道，你接下来的人生一定会比现在好，比现在精彩。

1. 别选好走的路

如果你现在正处于迷茫之中，站在人生的十字口，不知道接下来该往哪里走，那么请你选择一条不那么好走的路。

成长是一件辛苦的事情，快速成长则更加辛苦。你要想真正有所成长，就要对自己狠一点；你要想站到高处，就别抗拒爬坡。

2. 走好选择的路

我希望你确定了自己要走的路以后，还能努力地走好自己选择的路，不懈怠、不妥协、不畏惧。

很多时候，你有多努力、多倔强、多果敢，你就能站到多高的位置，拥有多美好的人生。这不是鸡汤，而是现实。你不信，只是因为你未曾体验过罢了。

反思、改变、行动……

余生很贵，请别浪费，愿你在多年后，回顾身后走过的路时，能嘴角上扬地说一句："我当年选对了！"

人生的下半场，拼的就是“一技之长”

有一位读者对我发出感慨：“30多岁，之前做过文职，现在工作越来越不好找了，除了一些基层的工作。很迷茫，想转行，但不知道应该做什么。”

这是不少职场人目前的生存现状：工作多年，一直做着很基础的工作，想离开，却发现自己什么都不会，很无奈。

很多职场人之所以总喊着要离职，却又迟迟没有挪窝，往往并不是因为他们没有决断力，最根本的原因其实是不知道离开了以后，接下来能去哪里。

更准确地说，不是没有去处，而是没有非常好的去处，最后很可能是从一个坑跳到另一个坑而已。而且，到了一个新地方，一切还要重新开始，所以思来想去，还是不走了，就这么熬下去吧。

这样的心理在职场中并不少见，那么这种心理背后的原因是什么呢？

答案就是，没有一技之长。

下面就来粗浅地聊一聊这个问题。

01 没有一技之长意味着什么

一个人没有一技之长意味着什么呢?

我认为，这至少会产生三个方面的影响。

1. 没有方向，只能从事基层的工作

没有一技之长，在找工作的时候往往就没有明确的方向，时常会陷入迷茫之中。

但工作总归是要有的，毕竟要活下去。在这种情况下，就只能从事一些很基础的工作，也就是没有太多技术含量的、门槛较低的工作，张三能做，李四也能做。

那么，最显而易见的一个影响就来了：这样的工作往往薪资待遇都是比较低的，而且上升的空间极其有限。

原因很简单，一是基层岗位创造的价值实在有限；二是你不干，照样有其他人干，你根本没有讨价还价的余地。

2. 容易被替代，安全系数低

一份工作，张三能做，李四也能做，门槛如此之低，就会带来第二个影响：你很容易被别人取而代之，安全系数低。

实际上，中年职场人的危机往往并不是年龄危机，而是没有核心竞争力，没有不可替代性。

反过来讲，如果一个职场人有一技之长，有优于大多数人的能力，那么他是不用担心什么中年危机的，他会成为领导和公司眼中的“宝贝”。

3. 难以获得变得更好的机会

没有一技之长的第三个影响是难以获得变得更好的机会。

很多职场人工作多年，却没有明显的长进，原因往往在于其工作性质决定了他们的上限，他们每天从事的工作不能提供太多的机会让他们获得脱胎换骨式的成长。

这就是不少人“工作10年，却只有1年工作经验”的原因，也是中年危机问题的核心。

很多事情都是一环套着一环的，你落后别人一步，看起来只是一步，但最终造成的差距其实是一百步。

有一技之长和一无所长的人，往往过着截然不同的人生，而且随着时间的推移，他们之间的差距会被拉得越来越大。

02 关于成长的三点思考

前面讲了一技之长的重要性，接下来我想针对成长、职业选择这些问题，聊一聊自己的几点思考和感悟。

1. 可以从事基层工作，但不能就此满足

基层工作并不是洪水猛兽，不是说这样的工作就一定不能干。

很现实地讲，很多人目前并不具备足够的能力，只能从事一些很基础的、门槛较低的工作。

这其实并不可怕，因为人生是漫长的，今天的你处于一个很低的位置，但这并不意味着你明天不能站到高处。

真正可怕的是什么呢？

真正可怕的是你就此满足，安于这样的位置。

我认为，从事门槛较低的工作应该是在没有一技之长时的一种权宜之计，而不是长久之计。

2. 尽可能丰富自己的武器库，技多不压身

真正的长久之计是什么呢？

当然是尽可能地让自己拥有一技之长，具备核心竞争力，形成难以被他人替代的能力。

所以，我的第二点思考就是一定要丰富自己的武器库，要有强化、优化自己的意识，并且要为此付出实际的行动。

技多不压身，你会的技能越多，你的选择也就越多。你的技能越出众，你就越不容易被别人取代。

这其实就是成长的现实意义。

3. 不要给自己设限，人的潜力是巨大的

第三点感悟是从第二点延伸出来的。

可能有人会说，我其实也想学点东西，学一样技能，可我什么都不会，没什么底子，不知道应该学什么。

对于这个问题，我想说的是，千万不要给自己设限，千万不要认为自己不行，因为人的潜力是巨大的。

当然，也不要走向另一个极端：过于自信，认为自己什么都可以干。真正聪明的人往往会因势利导，只做自己擅长的事。

最后送大家一句话：人生的下半场，拼的就是一技之长，一技在手，饭碗长久。

真正高级的人生，都在努力做减法

很多东西，只有失去，才会倍加珍惜。

我听朋友天哥说起他前段时间遇到的一件事，感慨颇深。

几个月前，天哥去医院做体检，血常规检查结果中有几项数值很高，明显超出正常范围，医生建议他去大医院看看。

听到这句话，天哥顿时心头一沉，感觉大事不妙。

再细问，医生告诉他："先观察观察也可以。回去注意多休息，不要喝酒，等过段时间再来检查一次。如果数值还高，就真的要重视起来了。"

天哥说，当时他整个人都蒙了，都不知道自己是怎么离开医院的。回到车上，缓了几分钟，他就忙活起来，打开百度、微信、微博，开始全网搜索。他越看越心惊胆战，生怕自己得了白血病之类的绝症。

等待的日子是煎熬的，未知的恐惧让他度日如年，他没敢告诉家里人。

但好在最后是虚惊一场，再次检查的时候，数值回归到了正常范围。

我说：“这事搁谁头上都得慌，太吓人了。”

经此一劫的天哥淡定了许多，他直言这次经历让他收获良多。

他说：“人只有在知道自己的生命逼近尽头时，才会对人生有深刻的思考。我突然意识到，这个世界上没有什么比健康的身体和家人更重要的了，其他的一切都是浮云。很多东西看似重要，实则没有太大的价值。”

简而言之，人生真正需要的东西，其实并不多。

听完天哥讲的这件事，我也有所思考。

我们常常谈论如何才能过好这一生，如何才能拥有一个有质感的人生，其实最核心的思维就是化繁为简、去芜存精，在有限的人生里拥抱真正有价值的东西。

那么，我们如何才能做到这一点呢？

答案是，尽可能地做减法，去掉多余的。

实际上，真正高级的人生，都在积极地做减法。

01 减少对名利、物质的欲望

熟悉我的人都知道，我是一个提倡努力工作挣钱的人。之所以如此主张，是因为我知道，人活着，没有钱是不行的。如果你想活得精致一些、自由一些，往往需要一定的经济基础。

但是，我仍然劝你要减少对名利、物质的欲望，这和努力奋斗并不冲突。减少欲望是人生的智慧，而努力是人生应有的态度。

很多时候，我们之所以活得疲惫不堪，就是因为想要的太多了，这个想要，那个也想有，永远不知道满足。

老话说："凡事都要有个度，要懂得适合而止。"努力也是如此，若是过了头，那就不叫努力了，而是贪。

我突然想起一个小故事。

有一位农夫想买一块地，卖地的人对他说："想买地没问题，你只需缴纳 1000 元，然后我给你一天的时间，你能用步子圈出多大的地，就可以获得多大的地。但是，如果你不能在一天结束之前回到起点，那么你一寸土地都得不到。"

农夫一听很开心，心里想着我一定要多走一些路，这样一天下来就能圈出很大的一块地。他越想越觉得划算，便果断地交了钱，签了合约。

第二天一早，农夫上路了，一直往前赶路，片刻都不歇息，走到了很远很远的地方，仍没有往回赶。

一直到黄昏的时候，他才意识到再不往回走就来不及了。他三步并作两步往回赶路，但即使如此，他还是因为走得太远而没能及时回到起点，最终一寸土地都没能得到。

这个故事告诉我们，人的贪念往往是非常可怕的。名利也好，物质也罢，追求太多，最后很可能什么都得不到，甚至会招来灾祸。

所以，真正高级的人生，往往都会在物欲、名利等方面做减法，不被这些东西所奴役。

02 远离令人不舒服的关系

在不少人看来，认识的人越多越好，认识的朋友越多越好，所以他们热衷于社交，于推杯换盏间称兄道弟。

朋友多了路好走，这个道理自然是没错的。不过，我在别的文章里面写过这样的话："在这个世界上，真心希望你好的人真的没有几个。"

也就是说，很多时候，我们千辛万苦经营出来的关系，其实并没有想象中的那么牢靠，甚至不堪一击。

所以，很多所谓的"朋友"也好，"关系"也罢，其实都是不太值得去用力维系的，我们应该学会在社交方面做减法。

人际关系通常与你自身的价值有很直接的关系，你强大了，你的人际关系自然不会太差，而且也不太需要你费神地去维系。

而且，人的精力和时间总是有限的，如果你在一段不值得维系的关系上花太多的心思，就照顾不到真正值得维系的关系了。

我的看法是，一群酒肉朋友远远比不上一位挚友。

有些人没有必要去努力讨好，有些关系没有必要去努力维护，把自己与生命中真正重要的朋友和家人的关系处理好，就已经是人生赢家了。

03 减少不必要的比较

人都有追求和斗志，但如果争强好胜之心太重，凡事总想压别人一头，往往就会徒增烦恼。

人的痛苦和不幸有很大一部分都源于攀比心：张三有的，我也要有，而且一定要比他的好。

举一个很简单的例子，有个人拿了 5000 元的年终奖，感觉非常高兴，但听说一位老同学拿了 2 万元的年终奖，这个人高兴的劲头立刻消了一半。

后来，他翻看朋友圈，看到一位曾经的下属晒照片，他拿了 5 万元的年终奖。这时，他的心态完全“崩”了，大骂老板太抠门，扬言要换工作。

这只是一个虚构的故事，但肯定是一些人真实生活的写照。

很多时候，我们原本是幸福快乐的，但只要和别人比较一番，顿时就失去了快乐，戾气重了，烦恼也多了。

真正有智慧的人通常都不会盲目攀比，他们很清楚自己想要什么，能得到什么，也知道满足。

所谓高级的人生，其实就是活得通透一些，明白一些，睿智一些。

如果一个人在上面讲的这三个方面都能做到适可而止，该做减法就做减法，那么他的人生肯定会更容易触摸到幸福。

行动起来和情绪稳定，能治愈一切焦虑

这段内容非常适合被工作搞得焦头烂额、叫苦不迭的你，看完之后，你或许会有一个不错的心情。

先讲两件小事。

第一件事是我最近在帮某个品牌做推广，过程可谓曲折。

先是文案的大纲改了好几遍，全都是那种推倒重来的大改，等到大纲终于确定之后，又是好几轮对文章内容的反复修改。

在此期间，我有过撂挑子走人的冲动，但无奈囊中羞涩，硬气不起来。

可喜的是，这个工作最终还是比较顺利地完成了。

第二件事是我最近迷上了《令人心动的 offer》，更新一集我就刷一集。

在一期节目中，八位实习生要对一起案件进行取证，难度系数很高，令人头疼。

实际的取证过程也确实如此，能了解到的信息少之又少，而

且时间还很赶，第二天就要做汇报。

但同样可喜的是，两队人马最终仍在时间、信息有限的情况下，做出了一份很不错的报告。

对于这两件小事，我想说的是：有些事情看起来很复杂，想起来就头大，但当你真正去做的时候，就会发现情况并没有那么糟，而且结果往往是好的。

在我看来，真正把一件事做好，有两个必不可少的前提——行动起来、情绪稳定。

01 行动起来，绝大多数问题都不是问题

我曾在别的文章里写过这样一句话："所有光鲜亮丽的背后，都有别人看不到的千疮百孔。"

实际上，表面越光鲜，背后藏着的苦楚越多，压力越大，也越容易焦虑。

这还真不是矫情，现在很多工作的压力之大、强度之大，真的能摧毁一个人的身体和心理。

这就是不少人患上抑郁症的原因之一，也是我写这篇文章的初衷。

如果你的工作压力很大、工作强度很高，很多时候被工作搞得焦头烂额、分身乏术，那么我愿意向你分享几个心得。

1. 行动起来，平时多提升自己

同样一道题目，会做的人几分钟就能写出答案，不会做的人可能几天都做不出来。

同样的道理，很多时候，工作上的事情也是一样的。

我们被工作搞得焦头烂额，最本质的原因是我们的能力还不足以应对我们遇到的问题，所以我们才会焦虑、烦躁，感到压力很大。

所以，请行动起来，平日多提升自己的能力，有意识地成长，刻意地练习一些技能，这样你才能更好地应对工作。

当然，再怎么努力准备，也不可能完全避免在工作中陷入困境，但可以肯定的是，你准备得越充分，成长得越快，在工作中受挫的可能性就越低。

2. 行动起来，别因畏难而拖延

上面讲了日常积累，真正在工作中遇到麻烦的问题时，应该怎么办呢？

首先是要行动起来，不要因为恐惧、畏难而拖着不去做。

有些时候，我们之所以被工作搞得手忙脚乱，很可能是因为做事拖拖拉拉，事情压在那里，迟迟不去做。

记住，问题不会因你的忽视而自动消失。除非你下定决心不干了，否则请尽早行动起来，这样能避免很多无谓的烦恼。

3. 行动起来，坚持下去

解开一团乱如麻的线卷是需要时间和耐心的，这和解决工作中的问题是一样的。

在解决棘手问题的过程中，你一定会有心烦意乱的时候。在这种情况下，你可以发泄情绪，但发泄完了还是要尽快回到工作中来，坚持做下去。

实际上，问题往往就是这么一点点解决的，好的结果就是这么慢慢地磨出来的。

也许你已经注意到了，这三点心得都提到了一个关键词——行动起来。

讲真的，只要你行动起来，不逃避、不放弃，那么绝大多数问题往往就不再是问题了。

02 保持情绪稳定，别做情绪的奴隶

美国社会心理学家费斯汀格得出一项研究结果：人生中 10% 的事件是由发生在你身上的事情组成的，而另外 90% 则是由你对事情如何反应所决定的。

什么意思呢？

简单一点讲就是，很多糟糕透顶的结果都源于一件小事，因为你的反应不对、情绪不对，所以一件小事带来了糟糕的结果。

去年年底，一位女读者很沮丧地给我讲了她糟糕的一天。

前一天晚上，孩子感冒发热，闹腾了大半宿，被折腾得快要崩溃的她和老公因琐事又吵了一架。

第二天上班，情绪不佳的她应客户的要求做一份报告，结果忙了一个上午才做出来的报告被打回。之后改了好几轮，客户那边不断地催促施压，最后她在电话中与客户吵了起来。

最后，公司对她的处罚是：向客户道歉，并且扣500元奖金，不接受就卷铺盖走人。

你看，这就是情绪失控带来的恶果。

人是有情感的动物，有血有肉，有喜怒哀乐，但我们要懂得控制和管理自己的情绪，否则结果往往都不会好。

为什么要说到情绪管理这个问题呢？

越是在解决棘手问题的时候，压力越大。在被工作搞得焦头烂额时，要懂得管理情绪，否则就会让事情变得越来越糟。

值得强调的一点是，管理情绪并不是一味地压抑自己的情绪，而是要学会控制。

感到压抑、难过的时候，就发泄出来，停下来，歇一歇。发泄也要注意方式，一要理性宣泄，二要在发泄完情绪之后及时调整，继续集中精力解决问题。

不管处理工作中的问题还是处理生活中的问题，这种情绪管理能力都是我们应该具备的。

我相信，对一个成年人来说，只要行动起来、情绪稳定，就能解决工作和生活中绝大多数的问题和焦虑。

希望我们都能达到这种境界，一起努力！

这五件事，越早明白，越早成功

前几天，有一位刚大学毕业的年轻读者给我留言：“现在很迷茫，能不能写篇文章指点迷津。”

指点迷津不敢当，我真没那个本事。不过，分享一些在职场中打拼的经验和感悟，我倒是可以做到。

下面就简单谈谈我的五个感悟。

01 努力不一定会有收获

相信不少人都听过这句鼓舞人心的话：“努力就会有收获。”

但是，等你进入职场以后，你会在某个节点、某件事情上深刻地领悟到这样一个事实：努力不一定会有收获。更准确地说，努力不一定会有你想要的那种收获。

你非常努力、拼命，加班到凌晨一两点是常事，甚至熬通宵，就是希望做出成绩，获得领导和同事认可。

但事与愿违，你仍然比不上其他同事，你完成的工作依然无法令领导满意。

这确实让人很有挫败感，而这样的迷茫和沮丧，刚步入职场的年轻人有很大的可能会品尝到。哪怕你原本非常优秀，也会撞上这堵“新秀墙”。

难道努力没有意义吗？

当然不是，千万别质疑努力的意义，在人生的任何阶段，都不要提出这样的质疑。

我这样讲有三个初衷。

第一，我希望刚步入职场的年轻人有受挫的心理准备，别把一切想得太美好，不是你很努力就一定会有正面回报。

第二，要想让努力有回报，一要努力得聪明一些，二要坚持下去，凡事都要有一个过程。

第三，努力总比躺着不努力要好，特别是对年轻人来说，成长是一个职场人最靠谱的上升通道。

02 如何面对不喜欢的老板

你接受了一份工作，干了以后才发现它并不是自己想象中的那样，你开始讨厌这份工作；或者，你遇到的老板或领导性格古怪、脾气不好，总之就是让你挺讨厌的。

要是遇到这些问题，应该怎么处理呢？

首先，我想说的是，你很可能会遇到这些问题。

倒不是因为你运气有多么不好，而是一个人年轻时总会不可避免地走一些弯路，需要适应和摸索一下。

另外，还有很重要的一点，那就是没有一份工作是不委屈的，总会存在各种各样的问题，让你心生不快，比如同事难处、工作压力大、领导要求多，等等。

接下来说说如何处理这些问题。

我的建议是，面对不喜欢的工作或领导，只有两种选择：第一个选择是适应，既然改变不了别人，那就改变自己，逼自己适应；第二个选择是离开，实在适应不了就离开。

要么忍，要么走，千万不要抱怨，更不要向身边的同事抱怨，这是职场中的大忌。

不要跟其他人对着干，不要混日子，这些做法对你没有任何好处。越是不喜欢现在的处境，就越要努力变得更好，等翅膀硬了，飞到你喜欢的地方去。

03 能力越强，越容易被善待

众所周知，《快乐大本营》是湖南卫视的招牌节目。很多人或许不知道这档节目原本不是在周末黄金档播出，而是在周五晚上。

那么，为什么节目播放时间被调整到了周末呢？何炅在节目中讲述了背后的故事。

当时，何炅在北京外国语大学工作，担任辅导员，需要坐班，工作时间与节目播出时间冲突。

为了照顾何炅，当时的领导汪台长和台里的所有部门协调，将原本在周六播的《玫瑰之约》调整到周五，将《快乐大本营》的播出时间改到周六晚上。

何炅直言，这是非常不容易的，因为必须劝说当红的节目同意调换，所以这对他来说真的是知遇之恩。如果没有这样的调整，对于《快乐大本营》这个节目，他可能只会主持很短的时间。

可以说，这位汪台长是何炅人生路上的一位贵人，正是他当年的力挺成就了今天的何炅。

问题来了：为什么何炅能遇到汪台长这样的贵人呢？

是因为他运气好吗？

或许吧，但我认为，更重要的原因是何炅的业务能力出众。

换言之，如果换一个人，很可能就不会有这样的待遇了。

如今，回过头来看汪台长的这个决定，绝对是明智且有远见的。《快乐大本营》从开播到现在已有 20 多年了，经久不衰，简直就是奇迹。

对于何炅的这个故事，我主要想说两点。

第一，在人生的路上，若有贵人提携和相助，那绝对是一件幸事，甚至可以彻底改写命运。

第二，能力强、有才华的人，往往全身都在发光，更容易被善待，也更容易遇到贵人。

04 凡事提前准备，效果惊人

在学生时代，很多人都有这样的习惯：上课，必须是踩着点跑进教室；作业，一定要拖到最后一刻才开始做。

步入职场以后，这样的习惯就必须改一改了。不仅要尽快改，还要努力养成这样一个习惯：凡事提前准备，预留一定的时间。

比如，周三有个会议，你应该在周一就做好所有的准备，哪怕有些内容还不能敲定，至少也要把能准备的都准备好。

再比如，和客户约了 10 点见面，你应该确保自己在 9 点半左右就能到，千万不要卡着点赴约。

为什么要这么做？

因为这个世界上有太多的突发状况，职场中有太多的不确定因素，一旦开会时间提前了，去见客户的路上堵车了，你就会阵脚大乱，难以招架。

别小看“凡事提前准备”这个习惯，你一旦养成这个习惯，它就会产生惊人的效果，而且时常伴随着惊喜。

你会一而再再而三地庆幸自己养成了这样的习惯，这个习惯不仅可以让你做起事来更从容、高效，减少犯错的可能性，还可以让你变得更加自律，在别人心中留下好印象。

05 到最后，工作拼的是体力

在这个世界上，有很多事情是守恒的。你想要得到，就要有所付出；你想得到的越多，付出的也就越多。

有一点几乎是可以肯定的，在职场中，一个人的位置越高，他肩上背负的东西就越多，责任和压力就会越大。

在《令人心动的 offer》中，实习生梅桢分享了她的一段真实见闻。

在她之前实习的那家律所，有一位刚晋升为合伙人的女合伙人。她怀孕之后连一天假都没休，在办公室破了羊水，然后直接被送去了产房。生完孩子 7 分钟后，这位女合伙人就开始给客户回复邮件，还抄送给了全组。

夸张吗？

确实夸张，但也挺真实的。

没有什么成功是随随便便得来的，光鲜亮丽的背后大多都是难以想象的努力和付出。

除此之外，我更想说的是，所有的工作，到最后拼的都是体力。

并不是谁都能像这位女合伙人一样，在生完孩子 7 分钟后，就给客户回复邮件，因为这确实需要很好的体力、精力、脑力。

很多时候，我们很容易忽视体力这件事，但实际上，健康的身体、充沛的精力才是职场人最大的制胜法宝。

工作几年以后，大家的资历其实都差不多，你会的我也会，这个时候往往拼的就是体力，就看谁的体力更好、精力更旺盛。

比如，有一个管理岗位空着，领导想物色合适的人选。他不仅会考虑候选人的业务能力、管理能力，还会考量他身体的健康程度、体力的充沛程度。

道理很简单，只有体力好，才能更好地胜任这份工作，并长久地把它干好。

所以，在努力奋斗的同时，一定要照顾好自己的身体，要养成运动健身的习惯，尽可能不要熬夜，远离不良的生活方式。

暂且分享这五个感悟，我期待与大家一起成长！

没有护城河的人生，注定危机四伏

最近在看一些历史类的读物，我发现，那些在历史上有些地位的城市必然是有护城河的。

比如，北京、南京、西安、洛阳这四大古都，还有在古代是兵家必争之地的荆州、襄阳等，都建有宽阔的护城河。

实际上，不仅仅是我们国家，全世界都是如此。日本的一些古城、欧洲的一些古城堡的外围都建有护城河。

为什么全世界的古人都喜欢建护城河呢？

顾名思义，护城河的作用就是保护城池。在古代，护城河有着很重要的防御作用。一座城市有了宽阔的护城河，就能在很大程度上阻止敌人的入侵。

联想我们的人生，何尝不是如此呢？

没有护城河守护的人生，注定危机四伏。

01 最靠谱的人生护城河是什么

现实生活中的护城河看得见、摸得着，很好理解，但人生的护城河究竟是什么呢?

这就得从护城河的作用来分析了。正如前面所言，护城河的主要功能就是防御，使保护对象处于一个安全、有优势的位置。

由此可见，人生护城河其实就是指能够帮助我们抵挡人生路上遇到的恶意和挫折的东西。

有人说，钱可以是人生护城河。

王尔德曾说过：“我年轻的时候，以为金钱是世界上最重要的东西，等到老了才知道，原来真的是这样。”

张爱玲说过这样的话：“我喜欢钱，因为我从来没有吃过钱的苦，只知道钱的好处，不知道钱的坏处。”

当然，钱不是万能的，但在现实生活中，几乎没有什么人可以离开钱，所以才会有“成年人的底气和安全感都是钱给的”这种说法。

有人说，社会关系也可以是一种人生护城河。

不可否认，社会关系对一个人的发展有着巨大的影响，全世界其实都一样。

有了良好的社会关系，你往往就能得到一定的照顾，你在职场和人生的路上可能就会走得比较顺。

有人说，处世智慧更是一种人生护城河。

有些人的人生之所以千疮百孔，就是因为他们无法和这个世界很好地相处，不具备处世智慧。

处世智慧不仅包括如何与他人相处，还包括如何与自己相处，如何以平和的心态面对人生路上遇到的人和事。

处世智慧不同，做事的方式就不同，结局自然也就千差万别。

但是，在我看来，上面说的这些都不算是真正的人生护城河，至少还不够好。我认为人生最好的、最靠谱的护城河是能力。

不管是钱还是社会关系，都有很大的不确定性，有时候是可遇而不可求的，你得足够幸运才能拥有。

能力则不然，因为能力是可以后天培养的，正如古代的那些护城河，大多都是人工挖掘的，并非天然形成的。而且，能力的变数小。能力和才华这种东西，一旦拥有，基本上就很难再失去。

所以，我认为，人生最靠谱、足够坚固的护城河是能力，它决定了一个人的高度，甚至最终的结局。

02 护城河的核心评判标准：人无我有，人有我优

能力有多有寡、有强有弱，什么样的能力才能达到护城河那样的程度呢？

核心的评判标准总结起来就八个字——人无我有，人有我优。

先说“人无我有”。

如果一项能力别人都没有，只有你具备，这就是你的优势，也是你的核心竞争力。它能让你处于一个很好的位置，备受优待。

举一个很简单的例子，一个镇子上如果只有一家超市，那么

这家超市的生意想不好都难。但是，如果镇子上的超市慢慢多起来了，这种优势也就慢慢地被弱化了。

我们经常说“技多不压身”，一个注重自身能力提升和培养的人，往往能很好地应对类似的局面，尽可能保住“人无我有”的优势。

再说“人有我优”。

如果一项能力人人都有，但其他人的水平都比你低好几个档次，那么你也能处于一个比较安全的位置。

还是拿超市举例，虽然镇子上开了很多家超市，但如果一家超市的服务质量、购物环境、品类齐全程度、活动力度等都强于竞争对手，那么这家超市依然能处于优势地位。

我有一个朋友，她的老公是程序员，他每个月做点兼职就能有几万元的收入。别的公司一群程序员搞了半个多月没解决的问题，放到他手上，一个晚上就解决了。

这样的人当然会成为宠儿，他们的人生路上必然不会有那么多的危机。

我希望这篇文章能给大家带来一些思考：我有没有“人无我有”的能力和才华？我有没有“人有我优”的竞争力和优势？

静下心来好好地想一想，然后为自己制定计划和目标，踏实地、努力地去执行。

人生就是这么一步步向上走的！